RÉPONSE

AU PROSPECTUS

DU CANAL

DE BOURGOGNE.

Pour la V.e et les enfans abeille.

A PARIS.

M. DCC. LXIV.

RÉPONSE

AU PROSPECTUS

DU CANAL DE BOURGOGNE,

POUR la *Veuve du Sieur* ABEILLE ;
& *les Sieurs* & *Dames* ABEILLE *ses*
enfans.

E sieur Ydlinger, se disant Baron
d'Espuller, a répandu dans le Public
un Imprimé, ayant pour titre ;
Prospectus du Canal de Bourgogne.

Il suppose dans cet écrit, que l'on est redevable du Projet de ce Canal à l'*étude approfon-*
die, & aux travaux du sieur Marchand d'Espinassy ; que pour récompense de ses travaux,
le Roi lui a accordé des Lettres-Patentes,
qui lui ont donné la propriété totale & Sei-

A

gneuriale du Canal, avec le produit entier des Droits établis fur tous les bateaux, effets & marchandifes qui navigueront fur ce Canal, ou qui le traverferont. Il s'annonce comme Propriétaire de ce Canal, en qualité de Ceffion-naire des droits des héritiers d'Efpinaffy, & il invite, fous les efpérances les plus flateufes, les Nationnaux & les Etrangers à lui appor-ter de l'argent pour en faire exécuter le Projet.

Cet Ecrit ne tend à rien moins qu'à enlever au feu fieur Abeille, Ingénieur du Roi, le mérite d'avoir feul découvert, & démontré la poffibilité du Canal de Bourgogne, à fes enfans, dont l'un eft Ingénieur, le droit qu'ils ont de prétendre à l'exécution du Projet de leur pere, ou à la jufte récompenfe qui leur fera due fur le produit de ce Canal, fi l'Etat fe détermine à le faire conftruire.

Les enfans du fieur Abeille manqueroient donc à ce qu'ils doivent à la Mémoire de leur pere, à eux-mêmes, & au Public, s'ils ne détruifoient pas les fauffes impreffions que l'écrit du fieur Ydlinger a laiffées dans l'efprit de ceux qui fe font donné la peine de le life.

Ils fe flattent d'y réuffir, en démontrant

par la simple expofition des faits, foutenus de pieces authentiques, que le Projet du Canal de Bourgogne eft le fruit du génie, des profondes méditations, & des travaux immenfes du fieur Abeille, leur pere ; que le fieur d'Efpinaffy a furpris la Religion du Roi, & de fes Miniftres, lorfqu'il s'eft donné pour l'Auteur de ce Projet : que les Plans & Mémoires vérifiés & approuvés par le fieur Gabriel, dont il eft parlé dans le Projet des Lettres Patentes, & dans le Profpectus, font l'ouvrage du fieur Abeille ; que ceux qui furent préfentés par d'Efpinaffy, lorfqu'il follicitoit les Lettres - Patentes, n'étoient que de mauvaifes copies de ceux du fieur Abeille ; enfin que les Lettres - Patentes que le fieur Ydlinger annonce au Public comme fon titre de propriété du Canal de Bourgogne, ne furent donnés qu'en projet, & n'ont jamais été revêtues du fceau de l'autorité Royale.

Un Canal, qui, traverfant la Bourgogne, communiqueroit de la Saone à la Seine, & joindroit ainfi les deux mers par le centre du Royaume, & les Villes les plus confidérables, telles que Lyon, Paris & Rouen, feroit fi avantageux pour le Commerce, que depuis deux ſiecles l'Etat s'eſt occupé à en découvrir la poſſibilité.

On avoit envoyé dans la Province de Bourgogne les plus habiles Ingénieurs, pour, travailler à cette découverte. Aucun n'y avoit réuſſi ; tous avoient regardé ce grand ouvrage comme impoſſible : Vauban lui-même y avoit échoué ; cette découverte étoit réſervée au regne de notre Monarque.

L'inutilité des recherches faites à ce ſujet, ne rebuta point M. le Duc de Bourbon, premier Miniſtre, & Gouverneur de la Bourgogne. Les Ouvrages du ſieur Abeille, Ingénieur du Roi, entr'autres ſa belle Machine, qui fournit des eaux à Genêve, l'avoient rendu célébre. M. le Duc voulut avoir l'avis de cet Inégnieur ſur le Canal de Bourgogne, & comptant ſe trouver à Dijon pour la tenue des Etats en 1721, il lui fit écrire de s'y rendre.

Le ſieur Abeille reçut cet ordre à Touloufe. Il en partit peu de jours aprés : mais ayant appris qu'une maladie avoit rompu le voyage de M. le Duc, il revint à Touloufe. Le ſieur Abeille étoit en commerce de lettres avec le ſieur de Charancé, Négociant à Paris ; il lui fit part des ordres qu'il avoit reçus de M. le Duc & du sujet du voyage qu'il devoit faire en Bourgogne. Le sieur Marchand, qui prit depuis (on ne sçait pourquoi) le nom d'Espinassy, demeuroit chez le sieur Charencé; ce fut par ce dernier qu'il apprit le Projet d'un Canal en Bourgogne, & le choix qu'on avoit fait du sieur Abeille pour y travailler. Il va trou-ver aussi-tôt le sieur Millain, Secrétaire des Commandemens de M. le Duc; se dit le Parent, l'Ami, l'Associé du sieur Abeille, demande une Lettre de recommendation auprès de M^{rs}. les Élus des États de Bourgogne, pour être autorisé dans les secours qu'il va, dit-il, lui donner. Le sieur Millain donna à d'Es-pinassy la lettre qu'il lui demandoit, & cet homme, dont le sang-froid & l'intrépidité en avoient imposé au Secretaire de M. le Duc, alla à Dijon avec la même intrépidité, attendre le sieur Abeille.

Plusieurs semaines s'étoient passées dans cette attente, lorsque d'Espinassy la voyant inutile, conçut le dessein de se dire lui-mê-me envoyé par la Cour, pour faire le Projet du Canal. Pour cet effet il s'adressa au sieur Lebelin, Maître des Comptes, & pour lors un des Elus des Etats de Bourgogne. Il lui préfenta la Lettre du fieur Millain, * & lui demanda *ce que c'étoit qu'une idée de Canal, de la Saone à la Seine* dont il avoit, difoit-il, oui parler à l'Hôtel de Condé. Le fieur Lebelin lui répondit qu'il ne pouvoit par lui-même le fatisfaire ; mais il lui indiqua M. Fleutelot, Confeiller au Parlement, & le fieur de Chatellenot, Gentilhomme du pays, feuls capables de lui donner les éclairciffemens qu'il demandoit. d'Efpinaffy fe fit préfenter à eux par le fieur Lebelin, & tous enfemble fe tranfporterent le lendemain fur les Lieux ; on mit entre les mains de d'Efpinaffy un petit coffre de fer blanc avec des ouvertures par le haut, en l'affurant que c'étoit une jauge. D'Efpinaffy prit ce coffre avec confiance, & l'ayant préfentée à toutes les Fontaines, décida, fur ce qu'il entendoit dire à fes trois affiftans, qu'elles fourniroient affez d'eau. Il voulut même dreffer une efpece de Plan des Lieux, mais auffi inepte au deffein qu'à la jauge, il fut obligé d'avoir recours au fieur Langrené, Deffinateur, qu'on lui indiqua ; quatre jours après on vit une efpece de Carte, accompa-

---

* V. Pieces juftificatives. pages 33 & 34 Lettre de M. Lebelin à M. Abeille, du 3 Avril. 1728.

gnée d'un Mémoire, auquel le fieur Lebelin eut la plus grande part. Ce Mémoire qui n'é- toit d'abord qu'un brouillon informe, devint dans la fuite entre, les mains d'Efpinafly, une copie prefque exacte d'un ancien Mémoire, que le fieur de Chatellenot avoit compofé fur le Projet du Canal, & qu'il avoit fait impri- mer à Dijon en 1718, c'eft-à-dire trois ans avant que d'Efpinafly parût en Bourgogne *.

D'Efpinafly ofa cependant préfenter fa Carte & fon Mémoire à MM. les Elus des Etats, qui en firent le cas que méritoient ces Pieces: il ofa encore leur demander une gratification qui lui fut refufée : il fit plus ; après avoir fi fçavamment jaugé les Fontaines des environs, il ne craignit pas de propofer à fes trois con- ducteurs de prendre des actions, & de con- tribuer, de leur bourfe, & de celle de leurs amis, à l'exécution du Canal. Le fieur Lebelin, étonné de cette propofition, lui demanda s'il avoit, en ce genre d'ouvrage, une gran- de expérience ; il lui répondit froidement *qu'il n'en avoit aucune.* Il faut donc, ajouta le

---

* V P juftif. pag. 38 39 & 40 dans une colonne font les morceaux du Mémoire du fieur de Chatellenot, & dans l'autre font ceux du Mémoire d'Efpinafly.

A iv

fieur Lebelin , que vous foyez confommé dans l'Hydraulique & dans la Géométrie. *Je n'en ai pas les premiers principes* , répondit d'Efpinaffy. Le fieur Lebelin ayant infifté , lui demanda s'il étoit au moins en grande liaifon avec quelque homme habile dans le Génie , & qui pût fuppléer à fon défaut *D'Efpinaffy répliqua qu'il n'en comnoiffoit aucun.* Eh ! Monfieur , reprit le fieur Lebelin , perdant patience , fur quoi voulez-donc que des Actionnaires puiffent compter ? Croyez-vous qu'on s'engage fur votre parole ? *Monfieur* , repartit gravement d'Efpinaffy , *quand j'aurai des Lettres-Patentes , comme je fuis fûr d'en obtenir , il fe trouvera affez de perfonnes qui , FLATTÉES DE MA PROTEC-TION ,* feront charmées d'entreprendre cet ouvrage , de me faire une *bonne penfion ; & VOILA MON BUT. Si vous voulez dès-à-préfent commencer les fonds , vous y aurez la premiere part , & je me fais fort de bien garder la Caiffe.*

Voila les propos que tenoit , en Bourgogne , le fieur d'Efpinaffy en 1721 , C'eft le fieur Lebelin qui les rapporte lui-même dans une Lettre qui contient la relation de la plupart des faits que nous venons de rapporter , & de ceux qui vont fuivre *.

---

* V. P. juftif. p. 37.

Cependant d'Espinassy , cet homme qui parloit avec tant de confiance de son crédit, cet homme qui avoit cru flatter un Conseiller au Parlement, un Maître des Comptes, & un Gentilhomme, en leur offrant l'honneur de sa protection , cet homme qui se disoit envoyé par la Cour pour l'exécution du Canal de Bourgogne, cet homme enfin, qui, suivant l'Auteur du Prospectus, doit être regardé par la Postérité comme l'inventeur du Canal, ne subsistoit à Dijon que par la générosité du sieur Lebelin, & sur-tout de M. Fleutelot , qui s'étoit rendu sa caution auprès de son Aubergiste, & qui, las de le voir à sa charge , le fit partir pour Paris à l'aide de cent écus qu'il lui prêta. Le prétexte de son long séjour à Dijon, n'avoit été que la gratification qu'il avoit demandée aux Élus & qu'ils lui avoient refusée : M. Fleutelot, pour s'en délivrer , lui promit de se charger de cette affaire. En effet, il engagea quelque temps après MM. les Elus à lui accorder, par grace, cent pistoles ; une partie fut employée à payer les dettes, dont il avoit répondu , & le surplus lui fut envoyé.

Tel fut, en 1721 , le succès du premier voyage du sieur d'Espinassy. Cependant le sieur

Abeille étoit venu à Paris: il y avoit vû le sieur Millain, il lui avoit appris qu'il n'étoit ni le parent, ni l'ami, ni l'associé du sieur d'Espinassy. Le sieur Millain n'avoit pas eu de peine à le croire ; & sans s'occuper de ce qui c'étoit passé à cet égard, le sieur Millain présenta le sieur Abeille à M. le Duc. Le Prince lui témoigna, dans cette entrevue, le desir qu'il avoit de le voir partir incessamment pour la Bourgogne : mais le sieur Abeille lui ayant représenté que la Chaussée de la Garonne, à laquelle il travailloit depuis long-temps, exigeoit encore pour deux ans sa présence à Toulouse, le Prince lui accorda ce délai. Ce ne fût donc qu'en 1724, que le sieur Abeille ayant informé M. le Duc que ses ouvrages de Toulouse étoient finis, en reçut ordre de partir pour Dijon. Il y arriva pendant que les États étoient assemblés, & délibéroient au sujet du Canal.

Il y avoit alors à Dijon plusieurs Ingénieurs, entr'autres le sieur Gabriel. La diversité de leurs opinions, touchant le point de partage du Canal, suspendoit la décision de l'Assemblée.

A l'arrivée du sieur Abeille, les Ingénieurs.

se transporterent avec lui sur les lieux, il détermina le point de partage à Pouilly ; son avis fut unanimement adopté, & fixa l'incertitude où l'on avoit été jusqu'alors. Les Ingénieurs revinrent à Dijon : on y dressa le Mémoire en forme de Procès-Verbal des Opérations qu'on venoit de faire, & les Etats l'ayant approuvé, *arrêterent en conséquence que le Canal seroit dirigé par Pouilly. Le sieur Abeille, déja choisi par M. le Duc pour faire le Projet du Canal, fut nommé & commis à cet effet par MM. les Élus Généraux des États le 18 Mai 1724 **.

Il commença aussi-tôt ses travaux. *** Les difficultés, que tant d'Ingénieurs avoient toujours regardées comme insurmontables, étoient le manque d'eaux au point de partage, & le passage des rochers de Semur & de Crugey : tous ces obstacles disparurent devant le génie fécond du sieur Abeille. Il inventa le moyen de donner trois lieues d'étendue à son point de partage ; avantage, capital & décisif, que

---

* V. P. justif. pages 40 & 41 le Décret des États du 18 Mai 1724, ensuite duquel est le Mémoire des Opérations du 15

** V. P. justif. pag. 41 Ordonnance des Élus Généraux ensuite du Décret des États dudit jour 18 Mai 1724.

*** V. P. justif. pag. 42 une Délibération des Élus du 22 Novembre 1724.

nul n'avoit apperçu avant lui. Il imagina
d'en abaiffer le terrein de façon à pouvoir y
réunir toutes les eaux des environs ; il en
découvrit même qu'on ne connoiffoit pas,
& dès-lors il fut poffible d'en raffembler une
quantité plus que fuffifante. Quant aux rochers de Semur, il trouva le moyen de les
éviter, & la poffibilité du Canal fut découverte, démontrée & reconnue. Il leva enfuite
les Cartes de la Bourgogne, depuis la Saone
jufqu'à l'Yonne ; il fit tous les nivellemens
néceffaires, & traça le cours du Canal dans
fes deux pentes.

Amefure qu'il travailloit, il rendoit compte
de fes travaux à M. le Duc, par l'entremife
des fieurs Millain & Gabriel *, & la Carte
du Canal que celui-ci fit copier, d'après les
Deffeins envoyés par le fieur Abeille, pour
mettre fous les yeux du Prince, eft encore
entre les mains du fieur Gabriel, fon fils.
Tout le Projet en général fut compris en cinq
grandes Cartes ; tous les Détails furent dé-
finés fous les yeux & fous la direction du

____

* V. P. juftif. pages 43 & 44 trois Lettres écrites au
fieur Abeille, la 1re par le fieur Gabriel, le 30 Décembre 1724 : la 2me. par le fieur Millain, le 2 Octobre 1725, la 3me. par le même fieur Gabriel, le 25
Janvier 1726.

(15)

fieur Abeille, par plans & élévations. Ses enfans confervent même la Carte Originale, où
fe trouvent les premiers traits du tracé du Canal, deffiné de la main de leur pere, ainfi
que plufieurs enfeignemens & noms de Villages, écrits auffi de fa main ; ils ont encore une
premiere Copie de ce premier trait du Canal.
Enfin, pour la parfaite intelligence de tous
ces ouvrages, le fieur Abeille y joignit un
Mémoire inftructif, avec un État eftimatif
de la dépenfe, & il préfenta le tout aux États
affemblés.

On juge bien que des travaux de cetté
importance, où il falloit à tout moment que
l'Art luttat contre la Nature, furent pénibles,
longs, difpendieux ; le fieur Abeille y con-
foma trois années entieres, à l'exception de
quelques femaines, qu'il employa, avec la
permiffion de M. le Duc, à aller chercher
fa Famille à Touloufe pour la conduire à
Dijon. * Il avoit commencé fes Opérations
en 1724, ce ne fut qu'en 1727 qu'il put les
préfenter aux Etats **.

____

* V. P. juftif. pages 45 Lettre du fieur Millain
au fieur Abeille du 9 Janvier 1725.
** V. P. juftif. pages 46 Mémoire concernant le
Projet &c.

L'applaudiſſement avec lequel la Province
les reçut, & les éloges qu'en avoit déjà fait
M. le Duc, qui les avoit vues & examinées
en détail, couvrirent de gloire le ſieur Abeille.
L'envie en murmura. Un Ingénieur, nommé
Thomaſſin, fit imprimer un Memoire où il
préſentoit le Projet du ſieur Abeille ſous de
fauſſes couleurs; il l'accuſoit de faire paſſer
le Canal par des routes impraticables, & par
un pays aride. Il récuſoit, comme faux, les
moyens inventés par le ſieur Abeille; il demandoit qu'on les vérifiât, & aſſuroit que
l'Auteur n'oſeroit y conſentir.

Ces clameurs touchèrent peu MM. les Elus
des Etats : cependant ne voulant pas laiſſer
lieu au moindre ſoupçon, ils demanderent
un Vérificateur à M. le Duc, qui leur donna
le ſieur Gabriel; ils choiſirent pour Commiſſaire aſiſtant le ſieur Lebelin qui, en 1721,
avoit ſuivi à Pouilly le ſieur d'Eſpinaſſy. Cette
vérification fut faite avec ſoin : tous les
moyens du ſieur Abeille y furent examinés &
diſcutés avec ſévérité; s'il eût été de ces gens
qui n'operent qu'à peu-près, il auroit eu ſujet
de s'allarmer; mais il étoit ſans crainte. Tout
fut reconnu bon, poſſible, heureuſement
inventé

inventé. Le fieur Gabriel dreffa le Procès-
Verbal de cette reconnoiffance, * & le Projet du fieur Abeille plus conftaté , plus applaudi
que jamais, fut approuvé, reçu & enrégiftré
au Greffe des États, le 18 Novembre 1727 **
Pour donner à fon Ouvrage plus d'autenticité,
MM. les Elus firent imprimer fon Mémoire,
& permirent qu'il leur fût dédié *** ; ils firent
imprimer auffi le Procès-Verbal de Verifica-
tion du fieur Gabriel ****. Ils voulurent que les
cinq Cartes qui comprennent le Projet du
Canal, fuffent placées dans une falle des États,
où on les voit encore.

Ainfi fe terminerent les grands travaux du
fieur Abeille pour le Canal de Bourgogne. Il
avoit abandonné pour cette entreprife douze
mille livres d'appointements qu'il avoit au
Port de Cette : il avoit quitté le Languedoc
où fa fortune étoit affurée ; il avoit refufé les
appointements que les États de Bourgogne

---

* V. P. juftif. pag. 51. le Procès-Verbal du 24 Juillet 1727.

** V. P. juftif. pag. 53. Extrait des Délibérations
des Élus des États.

*** V.P. juftif. page 46 & pag. 69 & 71 , le Mémoire déjà
indiqué.

**** V. P. juftif. pag. 67. Certificat donné par les
États au fieur Abeille. Voyez auffi page 4 Extrait
des Regiftres des Délibérations de M M. les Élus des
États.

B

avoient offert de lui donner pendant la durée de fon travail; il n'avoit voulu recevoir de ces mêmes États qu'une fomme de 24000 livres en dédommagement de fes frais *. Il avoit toujours efpéré qu'il obtiendroit les Lettres-Patentes pour la continuation du Canal de Bourgogne, ou du moins une récompenfe proportionnée à l'utilité du Projet qu'il venoit de préfenter ; mais, content d'avoir travaillé à la fatisfaction de la Province & du Public, il ne fongeoit point encore à demander l'entreprife du Canal dont il venoit d'apprendre à toute la France la poffibilité. Penfant que les États de Bourgogne pourroient folliciter pour eux-mêmes l'honneur de faire exécuter, à leurs frais, un auffi grand Projet, ou que peut être même SA MAJESTÉ regarderoit cette exécution comme un Ouvrage digne d'Elle, il croyoit devoir garder fur fes intérêts particuliers un filence refpeétueux, & il attendoit tranquilement une occafion convenable à fa modeftie.

Le fieur Abeille jouiffoit en paix du plus doux fruit de fes talens, du plaifir d'avoir

---

* V. l'Extrait de la Délibérarion des États du 18 Novembre 1727 pag. 53. & les Certificats qu'ils ont donnés le 28 Juin 1729. pag. 67.

servi sa Patrie, lorsque le sieur Marchand d'Espinassy fit usage des siens à Paris. Ce fut au commencement de l'année 1728. Le sieur Millain qu'il redoutoit, venoit de mourir ; M. le Cardinal de Fleury avoit succédé à M. le Duc dans le Ministere ; le Projet du sieur Abeille étoit public, ainsi que la vérification que le sieur Gabriel en avoit faite. d'Espinassy s'étoit procuré un Exemplaire de ces deux Ouvrages, s'étoit fait par ses intrigues des Protecteurs auprès du nouveau Ministre.

Rassemblant & combinant en lui-même ces circonstances, il crut pouvoir en profiter. Il dressa d'abord, ou fit dresser un écrit qu'il intitula, *Projet du Canal de Bourgogne* : mais cet Ouvrage, qui est tout différent du Mémoire qu'il avoit fait paroître en 1721 sur le même sujet, est parfaitement semblable dans les points essentiels au Projet du sieur Abeille, ou au Procès-Verbal de vérification du sieur Gabriel ; deux Piéces, dont l'Auteur du prétendu Projet d'Espinassy, a mal-adroitement copié jusqu'aux termes *. Il faut donc ici de deux choses l'une, ou que les sieurs Abeille & Gabriel, (l'un en composant, & l'autre

---

V. * P. justif. page 54 à deux colonnes.

en vérifiant le Projet du Canal de Bourgogne, ſur les lieux, & en préſence d'un Commiſſaire député par les Etats) aient travaillé d'après le Projet prétendu du ſieur d'Eſpinaſſy, ou que d'Eſpinaſſy, qui, depuis 1721, n'avoit pas mis le pied dans la Bourgogne, ait copié celui du ſieur Abeille, & la vérification du ſieur Gabriel. Or le Procès-Verbal du ſieur Gabriel atteſte que c'eſt l'Ouvrage du ſieur Abeille qu'il a vérifié, & ce dernier ne ſera certainement pas ſoupçonné d'avoir profité des Travaux d'un homme, dont l'incapacité étoit notoire & a été par lui-même avouée dans ſa converſation avec le ſieur Lebelin.

Un autre trait du nouveau Projet d'Eſpinaſſy, ne caractériſe pas moins ſon ignorance, & démontre avec quel ſcrupule il a copié le ſieur Abeille. En effet, il dit avoir jaugé en 1721, (& l'on a vû de quelle maniere) les eaux qui deſcendent du point de partage du Canal, & il leur donne préciſément les mêmes meſures que celles portées au Procès-Verbal de vérification du ſieur Gabriel qui les jaugea en 1727. Or il eſt de toute impoſſibilité que deux hommes qui auroient jaugé parfaitement, euſſent trouvé dans les mêmes ſources, on ne dit pas à ſix années, mais à ſix mois, mais à ſix ſemaines d'intervalle, la même quantité de pouces d'eau.

Quoi qu'il en soit, (& fans relever ici aucune des bévues grossieres dans lesquelles
l'Auteur du prétendu Projet d'Espinassy tombe
à chaque pas, quand il ne copie pas fervile-
ment ou le fieur Abeille ou le fieur Gabriel)
d'Espinassy ofa présenter ce Projet aux deux
Personnes qui avoient le plus de pouvoir fur
l'efprit du Ministre. *

S'étant enfuite fait introduire par ces mêmes
Personnes devant ce Prélat, il parvint à lui
perfuader qu'il étoit l'Auteur du Projet du
Canal de Bourgogne : il obtint même quelque tems après une promesse de Lettres
Patentes, & fon but n'étant, comme on l'a
vû, que de fe faire une bonne pension,
ou de toucher promptement de l'argent, il eût
à peine obtenu cette promesse de Lettres Patentes, ou le projet du Ministre, qu'il publia
qu'il étoit muni de Lettres Patentes en forme.

Ce bruit fe répandit jufqu'à Dijon, où chacun en l'apprenant fe demandoit d'un air conf-
terné où eft donc le fieur Abeille ? Auroit-on
perdu le fieur Abeille ? Ce bruit étoit auffi parvenu au fieur Gabriel ; il avoit pénétré jufqu'au
fieur Abeille. L'un & l'autre l'avoient appris

---

* M. le Cardinal de Fleury.

avec l'étonnement qu'on peut se figurer. Bientôt on fut instruit que le sieur Abeille vivoit encore, & que les Lettres Patentes prétendues étoient l'effet de l'intrigue d'Espinassy, & de la surprise qu'il avoit faite à la religion du Cardinal Ministre. Messieurs les Elus des Etats de Bourgogne, auxquels les Sécretaire d'Etat avoit communiqué le Projet des Lettres Patentes, le sieur Lebelin, le sieur Gabriel & le sieur Abeille s'éleverent avec force contre les prétentions d'Espinassy; ils y étoient interessés. En effet, si les allégations d'Espinassy, insérées au Projet des Lettres Patentes, & son prétendu Projet du Canal qui lui avoient fait obtenir la promesse de ces Lettres Patentes, se fussent accréditées, il auroit fallu en conclure que le S. Abeille, le sieur Gabriel, le sieur Lebelin & les États de Bourgogne en avoient imposé à M. le Duc, au Public & au Roi lui-même, par les Mémoires & Procès-verbaux de toutes les opérations qui avoient été faites en Bourgogne au sujet du Canal depuis 1724 jusqu'en 1727, Mémoires & Procès-verbaux que Messieurs des États avoient fait imprimer, & qu'ils avoient consignés dans les Régistres de leur Greffe.

Pour écarter une imputation aussi grave, Messieurs les Elus des Etats firent sur le pro-

jet des Letttes Patentes leurs obfervations *
dans lefquelles ils rendirent au fieur Abeille la
juftice qu'il méritoit. Ils envoyerent ces obfervations à M. le Comte de Saint-Florentin & au
fieur Girard, Secretaire des Commandemens
de M. le Duc : ils donnerent au fieur Abeille les
Certificats les plus avantageux. ** Le fieur Lebelin en particulier lui écrivit le 13 Avril 1729
cette fameufe Lettre qui contient toute l'hiftoire
d'Efpinaffy, & de fon voyage de Bourgogne en
1721. Le fieur Gabriel porta fes plaintes au Miniftre fur l'inconcevable témérité d'Efpinaffy,
& produifit la Carte du Projet du fieur Abeille,
Carte qui fut préfentée dans le tems à M. le
Duc de Bourbon, & eft aujourd'hui entre les
mains du fieur Gabriel fils. *** Enfin le fieur
Abeille prouva fon travail par les piéces les plus
authentiques qui lui furent fournies par Meffieurs les Élus des États, ou qu'il avoit en fa
poffeffion, telles que les brouillons & les mémoires particuliers de fes opérations. Il le prouva

---

* V. P. juftif. pag. 65 Lettre du fieur Abbé de Perigny,
Élu des Etats, au fieur Abeille, du 31 Mai 1729, V. auffi
les obfervations.
** V. P. juftif. pag. 66, Lettre du fieur Abbé de Perigny, au fieur Abeille, du 28 Juin 1729, & le Certificat,
pag.
*** V. P. juftif. pag. 67, l'intitulé de cette Carte.

par les termes même du Projet des Lettres Patentes , où il est dit qu'elles ne sont données
*qu'en conséquence d'un Projet de Canal présenté
par le sieur d'Espinassy , & reconnu par le sieur Gabriel ,* * & il fit voir que puisque le sieur Gabriel
n'avoit jamais reconnu d'autre Projet de Canal
que celui qu'avoit présenté le sieur Abeille, c'é-
toit ce Projet du sieur Abeille qui étoit l'unique
fondement des Lettres Patentes.

Qui croiroit que tant de preuves réunies, tant
de témoignages accumulés ne purent faire triom-
pher la vérité de l'imposture accréditée ? Cependant d'Espinassy trembla. Incapable de
parler pertinemment d'un ouvrage de génie
dont il osoit se dire l'Auteur, craignant sans cesse
des confrontations , & même de simples ques-
tions qui l'auroient confondu , il partit *incognito*
pour la Bourgogne, afin d'étudier sur les lieux
un Projet qu'il n'entendoit pas , & d'en faire ,
s'il lui étoit possible, l'application sur le terrein.
Il se fit accompagner dans ce voyage du sieur
Rousselet , Ingénieur , & du sieur Jomard, En-
trepreneur , dont il avoit déja tiré des sommes
considérables. Ces trois hommes, arrivés à Dijon,

---

* V. P. justif. pag. 68 , un Extrait du Projet des Lettres
Patentes.

(25)

vont aux falles des États, ils y examinent avec
attention les Cartes, les deffeins, les Mémoires
& toutes les piéces du Projet ; las de cet examen, ils fe rendent à Pouilly.

Jufqu'à ce moment l'Ingénieur & l'Entrepre-
neur avoient regardé d'Efpinaffy comme l'Auteur
du Projet : mais lorfqu'ils virent que perfonne
ne le connoiffoit dans Pouilly, quelques foupçons
fur fa fincérité commencerent à les inquietter ,
ces foupçons devinrent bien-tôt conviction, lorfqu'étant au point de partage indiqué par les Cartes & les Mémoires, le fieur d'Efpinaffy ne fçut
pas feulement leur montrer les premiers piquets
du tracé. Ils tenterent eux-mêmes de trouver la
route du Canal, mais inutilement : d'Efpinaffy
fut contraint d'implorer ie fecours & les lumie-
res, de qui ? (On rougit de le dire) d'un pauvre
payfan du Village de Fleuré, nommé Jean Trouillot, qui avoit porté les inftrumens du fieur
Abeille. Voici la Lettre que d'Efpinaffy lui écrivit à ce fujet.

A Pouilly en Auxois le 27 Septembre (1729.)

» J'AI appris, Monfieur, que vous aviez une
» entiere connoiffance des lieux où le Canal
» doit paffer, *ayant travaillé fous M. Abeille.*

B iv

» Comme le Roi m'a fait l'honneur de m'ac-
» corder les Lettres Patentes qui m'en permet-
» tent l'exécution, je suis bien aife d'en faire
» une nouvelle reconnoiffance *à laquelle je ferai*
» *bien aife que vous vous trouviez.* Je vous prie,
» à la réception de cette Lettre, de prendre la
» peine de vous rendre ici, où vous aurez lieu
» d'être content, & où j'efpere également l'être
» de vous. Je fuis, Monfieur, &c. *Signé,*
» D'Espinassy.

On doit obferver ici que c'eft le fieur d'Efpinaffy qui écrit & figne lui-même, *que le fieur*
Abeille a tracé le Canal, pour l'exécution duquel
il avoit, difoit - il, obtenu des Lettres Pa-
tentes, & que lui - même, qui fe difoit l'Auteur & l'Inventeur de ce Projet du Canal, avoit
befoin, pour en reconnoître la route, d'être gui-
dé par le porteur d'inftruments du fieur Abeille.
Ce trait feul fuffit pour dévoiler l'erreur où a été
l'Auteur du Profpectus, lorfqu'il a donné le
Projet du Canal de Bourgogne comme le fruit
de l'étude approfondie du fieur d'Efpinaffy, depuis le commencement du fiecle. *

L'yvreffe de fes fuccès lui fit commettre peu
de tems après une autre indifcrétion qui lui fut

---

* Pag. 4, vers le milieu.

plus funeste. Cet homme qui faisoit parler ,
comme il lui plaisoit, les Secretaires, les Minis-
tres, les Princes & le Roi lui-même, dont, à
l'étendre, il avoit l'oreille , * s'étoit avisé d'annoncer de son chef que tout le canton de Berne
vouloit prendre part à l'exécution du Canal de
Bourgogne. Il fut aisé de prouver à M. le Cardinal la fausseté de ce bruit ; ce Prélat justement
indigné contre d'Espinaffy , & ouvrant enfin les
yeux sur toutes les surprises qu'il avoit faites à
sa religion , se décida à ne lui point accorder les
Lettres Patentes qu'il n'avoit promises à ses protecteurs, que parce qu'on l'avoit présenté comme
le véritable Auteur du Projet vérifié par le sieur
Gabriel.

Tel fut le résultat des intrigues du sieur d'Espinaffy.

La promesse des Lettres Patentes faite à d'Espinaffy avoit appris au Sr Abeille que le véritable
Auteur du Projet pouvoit y prétendre. Lui seul
étoit l'Auteur ; il avoit demandé ces Lettres Patentes pour récompense de ses travaux ; la disgra-
ce si méritée du S. d'Espinaffy , lui faisoit entre-

---

* Plusieurs personnes qui ont connu le sieur d'Espinaffy , pourroient attester le ton avantageux dont il parloit de toute la Cour.

voir plus d'espérances ; il redoubla ses démarches. Mais les protecteurs du sieur d'Espinassy ,
soit qu'ils ne fussent pas encore détrompés sur
son compte , soit par quelqu'autre motif se-
cret que nous ne nous permettrons pas d'approfondir , se flattoient toujours de regagner les
bontés du Ministre pour d'Espinassy ; & en
attendant ce miracle , toutes leurs sollicitations
eurent pour but de rendre inutiles celles du sieur
Abeille.

Ses talens reconnus, & la justice de sa Cause ,
furent les seules armes qu'il employa ; on ne
lui opposoit que des protecteurs , tout sembloit
donc lui annoncer la victoire ; cependant ses
efforts furent impuissans.

Pendant trois années entieres de sollicitations , le sieur Abeille fit de grandes dépenses ,
il fut même obligé d'emprunter des sommes
considérables pour se mettre en état de faire tête
aux protections d'un rival qui étoit si peu digne
de l'être.

Pour comble d'infortune , un homme de
Toulouse à qui il avoit envoyé presque dans le
même tems une procuration, à l'effet de recevoir en son nom de quoi acquitter ses emprunts,
abusa de la forme de cet écrit, pour le dépouil-

1er de 30000 livres de rente qu'il avoit fur le
produit des moulins de cette Ville, appellés du
Bafacle, aufquels la chauffée qu'il avoit fait
conftruire dans la Garonne, fourniffoit des eaux.

Épuifé par tant de dépenfes infructueufes ,
dénué de reffources , & fuccombant fous le poids
de tant de malheurs raffemblés fur la tête qui le
méritoit le moins , le fieur Abeille fut obligé
d'abandonner au bout de trois ans fes pourfuites
au fujet de la conftruction du Canal, & d'accep-
ter un emploi dans le fonds d'une Province où
les productions des Arts étoient peu recher-
chées.

C'eft là que ce Grand Homme, moins connu qu'il ne devoit l'être , s'eft occupé jufqu'à la fin de fes jours à perfectionner fon
Projet du Canal de Bourgogne , qu'il regardoit
comme fon plus bel Ouvrage, & qu'il aimoit,
quoique par les traverfes du fieur d'Efpinaffy , cet Ouvrage, entrepris avec zèle , fou-
tenu avec courage, & confommé avec génie, ·
eut caufé fa ruine. Il avoit un fils héritier
de fon goût & de fes talens. Dans l'efpé-
rance qu'un jour fa famille pourroit obtenir
la juftice qui lui étoit dûe , il fe flattoit que
ce fils tiendroit alors fa place , & dans leur
retraite commune , il s'eft appliqué à le former avec tout le foin d'un pere tendre , &

tout le fuccès d'un Maître favant. Il l'a inftruit de tous les détails de fon Ouvrage ; il
l'a mis au fait des moyens qu'il avoit ima-
ginés pour vaincre les difficultés qui fe pré-
fenteroient dans l'exécution , & des nouvelles
découvertes qui étoient le fruit de fes longues
méditations , de maniere que comme le pere
feul avoit pû autrefois inventer le Projet du
Canal , le fils eft auffi le feul qui puiffe
aujourd'hui l'exécuter.

L'efpéce d'exil du fieur Abeille , avoit
laiffé le champ libre aux Protecteurs du fieur
d'Efpinaffy , mais leurs follicitations furent
vaines ; le Miniftre détrompé, perfifta dans le
refus des Lettres-Patentes. Ainfi d'Efpinaffy
qui avoit eû la témérité de faire inférer
dans la Gazette d'Hollande du mois d'Octobre 1738 , qu'il étoit l'Auteur du Projet
du Canal de Bourgogne, qu'il étoit poffef-
feur de Lettres-Patentes pour fon exécution, eft
cependant mort fans en avoir jamais obtenu.

Il eft donc évident que fi les Héritiers
d'Efpinaffy ont traité avec le fieur Ydlinger,
que s'ils lui ont vendus les droits portés par
les Lettres - Patentes, ce font certainement
ceux réfultant du Projet dont on a parlé ;
fruit du dol & de la furprife ; or un Titre

auſſi futile peut-il être raiſonnablement oppoſé aux juſtes prétentions des enfans du ſieur Abeille, ſeul & véritable Auteur du Projet du Canal.

Comment donc le ſieur Ydlinger a-t-il pû ſe croire, comment a-t-il pû dans ſon Proſpectus s'annoncer comme ſubrogé aux Droits de l'Auteur, comme Propriétaire du Canal? On laiſſe au Public à tirer de ces faits, les conſéquences que la raiſon & ſon intérêt peuvent lui dicter; les enfans du ſieur Abeille ne ſe permettront d'autres reflexions que celles qui ſont relatives à leur intérêt perſonel. Il leur ſuffit d'avoir rendu à la mémoire de leur pere l'hommage qu'ils lui devoient, d'avoir démontré par des Piéces authentiques, que l'État n'eſt redevable qu'au S.r Abeille de la découverte de la poſſibilité du Canal de Bourgogne, que le ſieur d'Eſpinaſſy n'y a eu aucune part, & enfin le droit qu'ils ont de prétendre, ou à l'exécution de ce Canal, ou à la juſte récompenſe dûe aux travaux de leur pere.

Si cependant, contre toute eſpérance, le ſieur Ydlinger, ou tout autre parvenoit à obtenir le Privilége pour l'exécution du Canal de Bourgogne ; ſeroit-il juſte que le Traité fait avec le ſieur Ydlinger, cédât au profit des héritiers du fieur d'Efpinaffy, au préjudice de la veuve & des enfans du fieur Abeille, feul Auteur du Projet de ce Canal, que le fruit des travaux de leur pere paffât en des mains étrangeres ? L'équité du Monarque qui nous gouverne ne permettra jamais une pareille injuftice ; il s'en eft lui-même expliqué dans le Projet des Lettres-Patentes, qui fait le prétendu Titre des repréfentans d'Efpinaffy ; le Souverain y annonce, qu'il donne le Privilege à l'Auteur du Projet du Canal ; dès-qu'il eft conftant que d'Efpinaffy n'a eu aucune part à ce Projet, que le fieur Abeille en eft le feul Auteur, il en réfulte évidemment, ou que le Privilége doit être accordé à fes enfans, ou au moins les 60000 liv. de rente qui en font le prix. Leur reclamation devient d'autant plus jufte, que la découverte de la poffibilité du Canal, loin d'avoir été récompenfée, fut au contraire l'époque, & l'occafion de la ruine de la fortune du fieur Abeille, qui laiffe un fils Ingénieur héritier de fes Talens, nourri dans l'étude du Projet du Canal, inftruit de tous les moyens de furmonter les obftacles qui pourront fe rencontrer dans fon exécution, & qui feul peut en diriger les opérations.

PIECES

Me MOREAU DE VORMES, Avocat.

PIÉCES

JUSTIFICATIVES.

COPIE d'une Lettre écrite au fieur ABEILLE, le 13 Avril 1728, par Mr. LEBELIN, Maître des Comptes de Dijon.

NOTA. *M. LEBELIN, ètoit Elû en 1721, lorfque le Sr D'ESPINASSY alla en Bourgogne. Il a été Commiffaire député des Elûs pour la vérification du projet du fieur ABEILLE en 1727.*

C'EST avec bien du plaifir, Monfieur, que j'ai appris par Madame votre époufe des nouvelles affurées de votre fanté, & que vous vous fouvenez de moi.

L'eftime que j'ai conçue, Monfieur, pour votre vertu & pour votre habileté, dont j'ai pardevers moi tant d'affurances, me rendra toujours cher l'honneur de votre fouvenir. J'ai auffi appris, Monfieur, par la même voie, des nouvelles des mouvemens que fait le fieur d'Efpinaffy pour fe parer des ouvrages d'autrui. Je fçai de lui-même que c'eft la feule reffource qu'il ait ; mais je ne puis comprendre qu'il ait porté fon affurance, jufqu'à ofer en impofer à plufieurs perfonnes de confidération, & par eux furprendre la religion de fon Éminence.

Vous pouvez vous fouvenir, Monfieur, que je vous ai dit autre fois que le fieur Marchand d'Efpinaffy, ayant pris des Lettres de recommandation auprès d'une perfonne de confidération de cette Ville, cette perfonne me l'adreffa, croyant que je pouvois le fervir dans fes vûes. Dans la converfation, il me demanda ce que c'étoit qu'une idée de Canal en Bourgogne, pour communiquer aux deux Mers, dont il

A

avoît oui parler à l'Hôtel de Condé. Je lui fis réponse que je ne pouvois pas par moi-même le satisfaire,
mais que je connoissois Monsieur Fleutelot, Conseiller au Parlement, & M͏ʳ. de Chatellenot, Gentilhomme en cette Province, Gens de bon sens &
de bon esprit, qui croyoient que la Nature sembloit
avoir indiqué la possibilité d'un pareil ouvrage du
côté de Pouilly en Auxois ; que les Fontaines de
Baume, près Pouilly, avoient leur écoulement dans
l'Ouche, qui se jette dans la Saone, & que tout auprès étoit la source de l'Armançon qui entre dans
l'Yonne & cette Riviere dans la Seine ; qu'ils doivent ces découvertes à plusieurs parties de chasse que
ces Messieurs avoient faites sur les lieux. Je n'en dis pas
davantage au sieur d'Espinassy, qui m'obligea de le
présenter à ces Messieurs, lesquels gracieusement le
menerent le lendemain sur les lieux. Je fus de la partie, & c'est la premiere fois que j'ai vû les Fontaines de Baume & les Sources de l'Armançon, aussi
bien que M͏ʳ. d'Espinassy. Ces Messieurs firent faire un
petit Coffre de Fer blanc avec des ouvertures par le
haut, qu'ils nommerent Jauge. Ce fut pour reconnoître la quantité de pouces d'eau que ces Fontaines pouvoient fournir. M͏ʳ. d'Espinassy présenta sans
autre précaution cette Jauge à toutes les Fontaines,
& crut, sur l'opinion de ces Messieurs, qu'il y avoit
de quoi fournir à une ample navigation. Vous m'a-
vez du depuis appris, Monsieur, la maniere de faire
cette opération, qui est bien différente de celle dont
s'est servi M͏ʳ. d'Espinassy, qui n'a jamais eu d'autre
fondement que l'opinion d'autrui. Comme ce Gentilhomme ne dessine que des Croix de Malthe, il demanda
un Dessinateur pour faire une maniere de Carte qui
pût représenter la disposition des lieux. Nous lui in-
diquâmes le sieur Langrené, lequel se transporta sur
les lieux quelques jours après, & y resta quatre jours
pour lever les plans. Il fit une Carte que le sieur d'Espinassy présenta à Messieurs les Elûs, avec un Mémoire qui fut dressé dans ma Maison du Fauxbourg
Saint Pierre. Comme j'eus grande part à ce Mémoire,

Il fe trouva très informe , n'ayant pas les talens néceffaires pour de pareils ouvrages. M^r. d'Efpinaffy
s'en contenta pour lors ; mais il le fit réformer a Paris , où il fe rendit quelqu s-tems après , fur les fecours que lui en fournit M^r. Feutelot , lequel lui
prêta non feulement trente piftoles pour les frais de
fon retour , mais répondit pour ledit fieur d'Efpinaffy , de quatre cens livres à l'Hôtel Saint-Louis , où
il a logé. Ce fecond Mémoire a été compofé par une
perfonne qui entend ces fortes d'opérations , mais
toujours fur ce qui lui en a été dit par M^r. d'Efpinaffy ; il eft rempli de propofitions vrainement ha-
fardées , & ce que j'en ai vû du depuis par votre fecours , Monfieur, & par les fages & judicieufes re-
marques de M^r. Gabriel, me perfuade des erreurs
groffieres dans lefquelles M^r. d'Efpinaffy eft tombé.
J'ai encore parcouru fon Mémoire que j'ai entre les
mains , & je comprends parfaitement que fi votre habileté en ces matieres & votre travail continué pendant plus de trois années , ne vous avoient fait
trouver d'autres fecours , les eaux de Baume , que le
fieur d'Efpinaffy a feulement connues fur l'indication
de Meffieurs Fleutelot & de Chatellenot , auroient été
très-infuffifantes , puifqu'il ne fuffit pas de trouver
des pentes naturelles de l'un & de l'autre côté , s'il
n'y a pas une quantité d'eau fuffifante pour fournir
à la navigation l'efpace de plus de quarante lieues ,
qui eft entre les Rivieres de Seine & de Saone. C'eft
vous feul , Monfieur , qui avez trouvé les surs moyens
pour fournir à cette navigation : Je dois ce témoigna-
ge à la vérité , puifque j'ai été préfent en qualité de
Commiffaire député par Meffieurs les Élûs , à la vérification qui a été faite de votre Projet , par M^r.
Gabriel , Ingénieur du Roi. Ce grand homme auffi
bien intentionné pour procurer le bien public , auffi
droit dans fes vûes qu'il eft confommé dans ces matieres a porté l'exactitude de fon examen jufqu'au fcru-
pule. Il eft trop honnête homme & trop jaloux de
fa réputation , pour donner fon approbation à ce qui
ne lui eft pas démontré. Auffi j'ai plufieurs fois été

témoin de la juſtice qu'il rendoit à votre habileté &
à votre exactitude dans vos opérations. Il ne s'en eſt
faite aucune pendant vingt-ſix jours que j'ai été préſent à la vérification du ſeul point de partage, que je
n'aye opéré avec vous, & que je n'aye été con-
vaincu par mes propres yeux de la vérité des faits
rapportés dans votre Projet. Il ne s'agiſſoit pourtant
alors que de la vérification du point de partage qui
contient près de trois lieues. Combien a-t-il fallu d'o-
pérations, de combinaiſons, de recherches, pour
trouver ce qui faiſoit alors le ſujet de votre travail ?
Et Mr. d'Eſpinaſſy prétend en quatre jours de travail
d'un Deſſinateur, avoir trouvé ce qui a couté plus de
trois années de recherche, lui qui n'a pas parcouru un
quart de lieue· La Carte qu'il a donnée eſt encore au
Greffe des États ; c'eſt un témoin contre lui. Si du
depuis il a avancé quelque choſe de plus, il faut que
ce ſoit ſur les Imprimés qu'il a vûs, ou du Procès-
verbal de Mr. Gabriel, ou ſur votre Projet. Comme
ce Gent:lhomme dit avoir de bonnes entrées à l'Hôtel de Condé, il ne lui fut pas difficile par ſes impor-
tunités d'obtenir une Lettre à Meſſieurs les Élûs, pour
qu'on lui rendît juſtice ſur les frais qu'il aſſuroit avoir
faits, & dont Mr. Fleutelot avoit fait le fonds. J'a-
vois l'honneur d'être alors un des Élûs, & comme
j'avois été témoin des mouvemens qu'il s'étoit donnés, & que j'étois perſuadé que l'exécution d'un pareil
Projet bien entendu, pouvoit être utile à l'Etat & à
la Province, je crus que l'on pouvoit équitablement
lui donner cent piſtoles. Meſſieurs les Élûs firent
délivrer à Mr. Fleutelot, chargé de la procuration de
Mr. d'Eſpinaſſy, la ſomme de mille livres. Mr. Fleutelot retint par ſes mains les avances qu'il avoit faites,
paya à l'Hôtel de Saint-Louis ce qui lui étoit dû, paya
deux cens livres au ſieur Langrené, & me rendit quelques piſtoles que j'avois prêtées au ſieur d'Eſpinaſſy,
le ſurplus lui fut renvoyé, dont il remercia Mr. Fleutelot. J'oublieis, Monſieur, de vous marquer une
circonſtance pour la créance que l'on doit donner à
Mr. d'Eſpinaſſy. Cet homme eſt ſi vif dans ſes idées,

qu'à peine fut-il de retour de Pouilly, qu'il follicita ces Meffieurs & moi de prendre des Actions, en contribuant & par Nous & par nos amis, à la confruction de ce Canal, pour lequel il fe faifoit fort d'obtenir par fon crédit à la Cour, toutes Lettres-Patentes néceffaires : Comme je fuis plus défireux de conferver le peu que j'ai, que de chercher à gagner en rifquant de tout perdre, je demandai à Mr. d'Efpinaffy, que je ne connoiffois que depuis huit jours, s'il avoit pardevers lui de l'expérience en ces fortes d'ouvrages ; il me répondit, fans héfiter, que non. Je lui répliquai, vous êtes donc, Monfieur, confommé dans l'Hydraulique & dans la Géométrie. Je n'en ai pas les premiers principes, me répondit-il Apparemment, Monfieur, ajoutai-je, vous êtes en grande liaifon avec quelque habile homme du Génie : je n'en connois aucun, ajouta Mr. d'Efpinaffy. Je repartis brufquement ; fur quoi, Monfieur, voulez vous donc que des Actionnaires puiffent compter ; perfonne ne s'engagera fur votre parole.

Quand j'aurai des Lettres-Patentes, comme je fuis sûr de les obtenir, dit alors Mr. d'Efpinaffy, il fe trouvera affez de perfonnes lefquelles, flattées de ma protection, feront charmées d'entreprendre cet ouvrage, & de me faire une bonne penfion, & voilà mon but. Si vous voulez dès à préfent commencer les fonds, vous y aurez la premiere part, & je me fais fort de bien garder la Caiffe. Nous jugeâmes à propos de la lui laiffer toute entiere & de garder notre argent.

Voilà au vrai, Monfieur, l'Hiftoire de Mr. d'Efpinaffy. Mr. l'Abbé Bouhier, nommé à l'Évêché de Dijon, qui étoit alors à la tête des Élûs de cette Province, & qui eft actuellement à Paris, logé chez Mr. le Marquis de Pont, rue des Quatre Fils au Marais, pourra vous attefter ce que j'ai eu l'honneur de vous marquer, qui regarde Meffieurs les Elûs. Si le Projet du fieur d'Efpinaffy, préfenté à Meffieurs les Elûs, vous eft néceffaire, je vous l'enverrai, & je prierai Mr. l'Abbé de Perigny, de porter à Paris la Carte dudit fieur d'Efpinaffy, lorfqu'il ira porter au Roi les Cahiers de la tenue des derniers États. J'ai cru, Monsieur, devoir vous rappeller le souvenir de toutes ces circonstances pour fermer la bouche à la plus indigne supercherie.

Je vous supplie, Monsieur, d'assurer M^r. Gabriel de mes respects, de me faire part des mouvemens que vous ferez pour la réussite de votre Projet, & d'être persuadé que je suis très-respectueusement, Monsieur, votre très-humble & très obéissant serviteur. *Signé*, LEBELIN. Dijon, 13 Avril 1728.

EXTRAIT du Projet pour le Canal de Bourgogne, présenté à Messieurs les Elûs en 1721, par le sieur d'Espinassy. *

IL y a dix-sept sources dans ce Vallon qui sont perennes & intarissables, & qui se réunissent toutes au-dessus du bief du premier moulin : on ne les a jamais vûes tarir dans les plus grandes sécheresses, & même dans celle qui fut extrême en Bourgogne pendant l'Eté de 1719, tems auquel presque toutes les

* *Ce fut ce projet qui valut à son Auteur cent pistoles & l'exclusion. Le préambule est une déclamation sur l'utilité du Canal.*

EXTRAIT du Mémoire en forme de Réponse, au Projet de M. de la Jonchere (par M. de la Loge de Chatellenot,) imprimé à Dijon, 8°. 1718.

ENTRE Sombernon & Pouilly, on voit sur la gauche un Vallon. Au bas de ce Vallon est le Village de Baume de la Paroisse de Créancey, & au-dessus du Village il sort de ces rochers deux sources si abondantes, qu'elles suffisent à quatre Moulins qui y sont ; elles en font moudre plusieurs autres plus bas. Le Ruisseau qu'elles forment coule à Vandenesse, où il fait la Riviere. Celles de Baume sont si intarissables, que je puis assurer m'y être transporté exprès le 24 Septembre 1718, tems de la plus ſources manquerent. Elles faiſoient moudre le 24 Septembre de la même année, quatre fois par jour les quatre Moulins qui ſont à la tête du Village, ainſi que le témoignent tous les habitans dudit lieu.

Ces dix-ſept ſources du Vallon de Baume, près Pouilly, après avoir fourni l'eau néceſſaire aux Moulins de ce Village & à ceux de Créancey, forment la Riviere de Vandeneſſe, qui ſe jette dans l'Ouche par une pente aiſée & naturelle. On pourroit les déterminer à peu de frais du côté de l'Armançon, puiſqu'il n'y a que quelques buttes de terre qui leur ont fait prendre leur cours vers l'Ouche.

Pour former de ces eaux mon point de partage & les diſtribuer à volonté, tant du côté de l'Ouche que de celui de l'Armançon, je propoſe deux choſes; la premiere, de fermer ce Vallon par une muraille ou digue aſſez forte pour pouvoir contenir l'amas immenſe d'eau qui s'y

grande ſéchereſſe qu'on ait vûe en ce Pays de mémoire d'homme, y avoir été témoin que les quatre Moulins y moulent encore deux fois tous les jours, & y avoir appris que dans tout autre tems ils travaillent preſque continuellement.

Elles ont, comme je l'ai dit, leur pente dans la riviere d'Ouche par celle de Vandeneſſe... Je vais en tracer une autre (route). Entre le même réſervoir dont je me ſervois pour celle-ci & les eaux qui tombent à Pouilly, il n'y a qu'une motte de terre... ſi peu conſidérable, & où il y auroit ſi peu de travail que je crois qu'un particulier pourroit l'entreprendre à ſes frais pour donner de l'eau à ſes Jardins, & par-là ôter l'eau desſources de Baume à la riviere de Vandeneſſe, pour en donner ce qu'on voudroit à l'Armançon, ou les partager entre l'une & l'autre. Dès qu'on ſera parvenu à Pouilly, ſuppoſé que cette route paroiſſe meilleure que celle de Revel, on y trouvera d'autres ſources qui font moudre un moulin à un quart de lieue au-deſſous, & qui de là paſſent à quelque diſtance de Bellenot d'un côté, & de Chailly de l'autre... La Prairie d'Eguilly occupe une fera avant l'efpace de trois mois , & dont on ne le fervira qu'à mefure qu'il en faudra pour le paffage des Bateaux. Ce Vallon deviendra de cette maniere le premier réfervoir d'où l'on tirera les eaux néceffaires à la navigation. partie de ce beau Vallon , & j'eftime qu'aux environs de ce Village, on pourroit faire une digue à la riviere pour y avoir un port & un réfervoir fi confidérable , qu'il fuffiroit en toute faifon à donner la quantité d'eau néceffaire pour la navigation de l'Armançon jufqu'à la riviere d'Yonne. . . . . . .

NOUS Vicomte Mayeur & Lieutenant Général de Police de Dijon , permettons d'impr. le préfent ouvrage. A Dijon , ce 7 Novembre 1718.

EXTRAIT du Regiftre des Décrets des Etats Généraux du Duché de Bourgogne , affemblés en la Ville de Dijon au mois de Mai 1724.

SUR le Mémoire de Meffieurs Gabriel & Abeille , qui a été communiqué, au fujet des obfervations qu'ils ont faites fur le point de partage du Canal qui a été propofé dans cette Province ;

Les États ont décrété que lefdits fieurs Gabriel & Abeille feront remerciés des foins qu'ils fe font donnés. . . . Que l'on fe pourvoira pardevers le Roi afin d'obtenir des Lettres-Patentes pour la perfection du Canal en faveur d'une Compagnie. . . . . Fait & arrêté en l'Affemblée des Etats Généraux. . . . . le 18 Mai 1724. *Signé*, † ANT.-FR. , Evêque d'Autun. DE VIENNE , BAUDINET , & JULIEN , Secrétaire en Chef defdits États.

S'enfuit la teneur dudit Mémoire.

Nous fouffignés Jacques Gabriel , Chevalier de l'Ordre de Saint-Michel, Architecte ordinaire du

Roi , premier Ingénieur des Ponts & Chauffées du Royaume , & Joſeph Abeille , Ingénieur du Roi , ſçavoir faiſons qu'à l'invitation de Noſleigneurs les Élus des États Généraux de la Province de Bourgogne , nous nous ſommes tranſportés avec M. Lebelin , Député de la Chambre des Comptes de Bourgogne , en celle de Meſſieurs les Élus Généraux de ladite Province , & avec le ſieur Pierre Morin , Ingénieur, ſur les lieux indiqués, pour établir le point de partage d'un Canal de communication , depuis l'embouchure de la Riviere de Saone , juſqu'à celle de la Riviere d'Yonne.

Toutes choſes examinées , nous eſtimons que le point de partage propoſé entre Pouilly & Creancey , eſt préférable par ſa ſituation & ſes avantages.

En foi de quoi nous nous ſommes souſſignés , &c. A Dijon , ce 15 Mai 1724 , *ſigné* , GABRIEL , ABEILLE , LEBELIN , MORIN.

EXTRAIT des Regiſtres du Greffe des Etats Généraux du Duché de Bourgogne.

VU par les Élus Généraux des États du Duché de Bourgogne , Comtés & Pays adjacents , le décret des États tenus au préſent mois de l'année 1724 , par lequel leſdits États ont laiſſé auxdits ſieurs Élus la liberté de choiſir telles perſonnes qu'ils jugeront à propos pour lever les plans du Canal , faire les nivellemens , &c.

Leſdits Élus Généraux ont choiſi le ſieur Abeille , Ingénieur de Sa Majeſté , pour exécuter en tous ſes points ledit décret . . . . Ils ont délibéré que le ſieur de la Barre , Brigadier des Gardes de S. A. S. M. le Duc , accompagnera ledit ſieur Abeille par tous les endroits où il ſera néceſſaire , & fera tout ce qui lui ſera demandé par ledit ſieur Abeille. Fait en la Chambre deſdits Élus Généraux , à Dijon le

18 Mai 1724. *Signé*, † FRANÇOIS, Evêque & Comte de Châlon, LANGHAC, S'. EUGENE, GAUVAIN, RICHAUD, BAUDINET, BRETAGNE, & RIGOLEY, Secrétaire en Chef desdits Etats.

EXTRAIT des Regiftres des délibérations de la Chambre de Meffieurs les Élûs Généraux des États du Duché de Bourgogne.

Du 22 Novembre 1724.

Imprimé à Dijon, 4°. cinq pages.

A été extrait ce qui fuit.

SUR ce qui a été dit par le fieur ABEILLE, qu'ayant plû à Meffieurs les Élûs Généraux de la Province de Bourgogne le choifir & nommer par leur délibération du dix-huitieme Mai dernier, pour lever les Plans du Canal, faire les nivellemens, avec un état eftimatif des éclufes & autres ouvrages pour ledit Canal, & ce en conféquence du décret des États de 1724; il avoit travaillé depuis ce tems avec exactitude aux ordres qui lui avoient été prefcrits, & qu'il avoit tracé avec des bois plantés en terre, de diftance en diftance, le lit du Canal, lefquels il étoit très-important de conferver. . . . .

. . . .

LES ÉLUS GÉNÉRAUX des États du Duché de Bourgogne, Comtés & Pays adjacents, ont fait & font défenfes à toutes les Villes & Communautés ci-après rapportées, & à tous Particuliers compofans cette Province, d'arracher ou fouffrir qu'il foit arraché aucuns piquets plantés par l'ordre dudit fieur ABEILLE, pour tracer le cours dudit Canal. . . . .

Et fera la préfente délibération imprimée & remife audit fieur ABEILLE, & les imprimés par lui diftribués aux Maires, Echevins & Syndics des Communautés, pour qu'ils ayent à s'y conformer, & la faire publier aux Prônes des Meffes Paroiffiales ; priant & invitant lefdits fieurs Élûs Généraux. . . . . . .

de vouloir bien veiller à la conſervation d'un ouvrage
ſi utile pour cette Province & pour le Royaume.
Fait en la Chambre deſdits Élûs Généraux, à Dijon,
le vingt-deuxieme Novembre mil ſept cent vingt-
quatre ; au bas de laquelle copie imprimée ſont rapportées les ſignatures, FRANÇOIS, Evêque & Comte
de Châlon, BRETAGNE, & RIGOLEY, Secrétaire en
Chef deſdits États.

EXTRAIT d'une Lettre de M. GABRIEL,
Contrôleur Général des Bâtimens du Roi,
Premier Ingénieur des Ponts & Chauſſées
de France, à M. ABEILLE.

A Verſailles le 30 Décembre 1724.

J'AI reçu, Monſieur, la lettre que vous m'avez
fait l'honneur de m'écrire le vingt-un du courant,
avec grand plaiſir, tant par de vos nouvelles que
vous m'y donnez, dont j'étois en peine, que par
le beau & magnifique détail des tréſors d'eau que vous
avez trouvés à portée de notre point de partage.....

Il eſt bien heureux que vous ayez des indications
de pouvoir franchir le paſſage de Semur par une
route plus commode que nous ne l'avions cru : c'é-
toit un objet dans le projet, &c. *Signé*, GABRIEL.

COPIE d'une Lettre de M. MILLAIN, à M.
ABEILLE.

Ce 2 Octobre 1725, à Fontainebleau.

J'AUROIS été bien aiſe, Monſieur, de vous
embraſſer avant votre retour à Dijon. J'ai dit à Mon-
ſeigneur le Duc ce que vous me mandez de vos nouvelles découvertes & de vos eſpérances de faire paſſer
la Brenne dans votre point de partage. Le Prince en a
été bien content. Dès que vous pourrez envoyer une
Carte de ce nouveau projet, vous ferez grand plaiſir au
Prince.

Je ſuis, &c. *Signé*, MILLAIN.

EXTRAIT d'une Lettre de M. GABRIEL, Controlleur Général des Bâtimens du Roi, premier Ingénieur des ponts & Chauffées de France, à M. ABEILLE.

A Versailles ce 25 Janvier 1726.

Nous avons été, M. Millain & moi, à Marly, Dimanche dernier, MONSIEUR, par ordre de S. A. S. Nous lui avons porté votre Carte du point de partage du Canal de Bourgogne. Elle l'a examinée avec beaucoup d'attention, & en a été parfaitement contenté. Je lui fis confidérer à différentes reprifes ce que l'induftrie & l'exacte recherche vous avoit fait ramaffer d'eau par des routes différentes, & fait tirer d'endroits fi éloignés du point de partage, & féparés par des montagnes. Elle ne pouvoit fe laffer de voir la Carte, & Elle a été plus d'une heure à l'examiner......

Elle demanda enfuite à M. Millain ce qu'en difoient Meffieurs des États de Bourgogne. Il lui dit que la plus grande partie, & particulierement M. de Châlon inclinoient pour M. Thomaffin, & fuggérés par lui, demandoient des Commiffaires pour examiner vos opérations. Monfeigneur le Duc répondit à cela qu'il s'étonnoit qu'ils demandaffent des Commiffaires, quand cette affaire étoit entre vos mains.

S. A. S. me demanda enfuite fi j'étois bien fûr de tous ces niveaux. Je lui dis que je connoiffois votre maniere d'opérer, votre attention & votre patience pour ne vous pas tenir aux premieres opérations, voulant toujours prouver & contre-prouver ce que vous faifiez...... Elle trouva votre communication au point de partage par-deffus l'armançon fort belle.

Elle répéta plufieurs fois ; *une communication de la Saône à la Seine, & du même point à la Loire ; voilà un beau Projet !* & m'ordonna de lui faire faire une copie de votre Carte......Elle veut que cette Carte foit très proprement deffinée, collée fur du taffetas avec des rouleaux dorés haut & bas, pour la mettre dans fon cabinet, & la faire voir à tout le monde......

Vous m'avez marqué dans quelques-unes de vos Lettres que vous aviez une Carte levée du passage du Canal par Marigny : envoyez m'en un brouillon avec les positions......

Il me semble que vous m'avez marqué encore que vous avez levé la Carte jusqu'au pont de Pagny & au-delà ; je vous prie de m'envoyer ce que vous en avez......

J'ai fini ma mission par dire à S. A. S. que je vous connoissois parfaitement, que vous n'agissiez que par honneur & fort désintéressement, que vous n'aviez d'autres vûes que sa satisfaction particuliere & le bien public; que je la priois d'ordonner à M. Millain, présent, de vous marquer de sa part la satisfaction qu'Elle avoit de votre travail, & de vous assurer de sa bienveillance & de toute sa protection, en vous exhortant de continuer les opérations de ce grand Projet avec la même attention & exactitude que vous l'avez commencé.

Signé, GABRIEL.

LETTRE de M. MILLAIN à M. ABEILLE.

Ce 9 Janvier 1725.

MONSEIGNEUR le Duc, MONSIEUR, consent volontiers que vous alliez en Languedoc pour amener votre famille à Dijon ; mais le Prince vous demande de faire ensorte que l'ouvrage pour le Projet du Canal ne soit pas retardé par votre absence. Je suis véritablement, Monsieur, votre très-humble & très-obéissant serviteur. *Signé*, MILLAIN.

MÉMOIRE,

Concernant le projet du Canal de Bourgogne, sa disposition, la distribution de ses ouvrages, & un état estimatif de sa dépense ; dédié A M. l'Abbé DE PERIGNY, *M. le Marquis* DE SAULX, *& M.* BAUDESSON, *Maire d'Auxerre, Élûs des États Généraux de ladite Province, par le sieur* ABEILLE, *Ingénieur du Roi, imprimé à Dijon chez Antoine de Fay, Imprimeur- Libraire des États & de la Ville, rue Portelle, en 1727. Folio 28 pages.*

EXTRAIT.

A MESSIEURS,
Messieurs les Élûs des Ordres des États Généraux du Duché de Bourgogne.

MESSIEURS,

Le projet du Canal de Bourgogne, que j'ai l'honneur de vous présenter, est une dette dont je m'acquitte, puisque c'est par l'ordre de vos Prédécésseurs que je l'ai fait, & que c'est à vous, MESSIEURS, qui leur succédez, à qui j'en dois rendre compte. ... Sa possibilité démontrée est le fruit de mon ardeur à me rendre digne du choix dont MONSEIGNEUR LE DUC m'a honoré, m'adressant à MESSIEURS LES ÉLUS pour un sujet si important ; en effet ce n'est qu'à cette ardeur qu'on peut attribuer l'heureuse découverte de cette possibilité, puisque des Ingénieurs autrefois envoyés sur les lieux, l'avoient manquée, quoiqu'ils fussent plus habiles que moi. Ces personnes bornerent leur recherche dans ce qui étoit à la portée de leurs yeux, & par là se renfermant dans la seule découverte des eaux qui se trouvent aux approches

de Pouilly, ils déciderent de l'impossibilité du Canal.
Un peu plus de zele, & ils eussent poussé plus loin
leur recherche, ils eussent trouvé de plus grandes
eaux, & il ne leur eût point échappé qu'abaissant
le feuil de Pouilly, ils mettoient le point de partage à portée d'en recevoir six fois plus qu'ils n'en
avoient trouvé. . . . . . Ce projet mis dans un
état complet, bannit les anciens doutes, & met dans
une claire évidence la possibilité de la Jonction des
deux mers par celle de la jonction de la Saone à la
Seine. . . . . . . Celui qui a l'honneur d'être
avec un très-profond respect, MESSIEURS,

Votre très-humble & très-obéissant
serviteur, ABEILLE.

MÉMOIRE.

Ce Canal traverse la Bourgogne depuis la Saone *Page 3*
Lig. 1 &
suiv.
jusqu'à l'Yonne, dans l'espace de quarante lieues &
deux tiers. Son embouchure du côté de la Saone est à
Saint Jean de Lône ; & celle du côté de l'Yonne est à
Brinon : il rencontre outre ces deux Villes, celles de
Dijon, de Montbard, de Tonnerre & de Saint Florentin, avec plusieurs gros Bourgs & Villages. . . .
ouvre une nouvelle porte au Commerce, qui ne peut   *Ligne 18*
que lui donner un grand accroissement. La disposition de ce Canal est déterminée par son point de
partage ; il est situé a Pouilly en Auxois, à huit
lieues de Dijon . . . . . .

Trois rigoles principales apporteront au point de   *Page 9.*
Lig. 17 &
suiv.
partage la plus grande partie de ces eaux ; sçavoir,
la rigole du Serain, la rigole de la Braine, & la
rigole de Comarin ; les feules eaux de Baume &
de Belnot auront leurs rigoles particulieres. . . . . .

Ouvrages des Rigoles du Point de Partage.

Les rigoles qui apportent les eaux au point de par-   *Pag. 11.*
Lig. 10 &
suiv.
tage, font toutes ensemble la longueur d'environ
cinquante-trois mille toises ; leur pente sera de six

pouces pour le moins par cent toiſes ; leur largeur réduite ſera d'une toiſe, & leur profondeur, d'un pied & demi vers leur origine ; ſur le milieu de leur étendue elles auront neuf pieds de largeur réduite, ſur deux pieds de profondeur ; & à leur iſſue au point de partage, elles auront deux toiſes de largeur ré‑ duite, ſur deux pieds & demi de profondeur......

Point de partage.

Page 12.
Lig. 1. &
ſuiv.
Le point de partage s'étend du Midi au Nord de‑ puis la petite Gorge près d'Ecome dans la plaine de Comarin, juſqu'à Martroy dans le Valon de l'Ar‑ mançon; ſa longueur eſt de ſix mille cinq cens quatre‑ vingt toiſes ; ſa largeur eſt de ſept toiſes à la ſurface des eaux, & de cinq toiſes dans le fonds de ſa tranchée, & ſa profondeur eſt d'une toiſe........

Deſcente du Canal à l'Yonne.

Pag. 13.
Lig. 16 &
ſuiv.
Le point de partage, ſes ouvrages & ſes rigoles ainſi diſtribués, la deſcente du Canal à l'Yonne ſuit au Nord dans la même Plaine ; & depuis le point de partage juſqu'à Brinon, parcourt l'eſpace de ſoi‑ xante‑quinze mille neuf cens quatre‑vingt‑quatorze toiſes, ſur huit cens quatre‑vingts‑dix pieds de pente, diſtribués en ſoixante‑quatorze écluſes de douze pieds de chûte chacune......

Depuis le Pas du Ruiſſeau de Souſſey juſqu'à Saint Thibaut , 4674 toiſes......

De Saint Thibaut à Marigny. . . 7432 toiſes.... neuf écluſes ; entre Saint Thibaut & Bro.....

De Marigny . . . juſqu'au Pas d'un petit Ruiſſeau près de Poulenay . . . 2454 toiſes . . . du Pas de ce Ruiſſeau près de Poulenay . . . 2024 toiſes juſqu'à Ve‑ narey . . . cinq écluſes. . . . .

De Venarey à Montbard... neuf écluſes 9961 toiſes.

Depuis Montbard juſqu'à Buffon . . . 3253 toiſes . . . trois écluſes. . . .

De Buffon . . . 11766 toiſes juſqu'à Ancy‑le‑Franc . . . . ſept écluſes. . . . .

D'Ancy‑le‑Franc juſqu'à Tonnerre. . . . 15715 toiſes. . . . . .

De

De Tonnerre à S. Florentin . . . 13985 toises . . . i
cinq écluses. . . . . . .

De Saint Florentin . . . . 6098 toises jusqu'à Brinon . . . . huit écluses . . . . .

Descente du Canal à la Saône.

Après avoir parcouru le Canal dans sa descente à
l'Yonne, nous le parcourerons dans sa descente à
la Saône. . . . . 39989 toises de longueur, sur 674
pieds de pente, distribués en 56 écluses de douze
pieds de chûte chacune, ainsi que les précédentes.

Au sortir de l'écluse d'Ecome . . . . jusqu'à Vandenesse . . . . 664 toises . . . quatre autres écluses. . .

De Vandenesse à l'Aqueduc de Crugey . . . 4812
toises . . . huit écluses . . . .

Depuis l'Aqueduc de Crugey jusqu'au passage de
l'Ouche, au-dessous de Veuvey . . . 2344 toises . . . .
quatre écluses . . . .

Depuis l'Aqueduc de l'Ouche jusqu'à celui de
Buisson-Gargou . . . . 6089 toises . . . .

De l'Aqueduc du Valon de Buisson-Gargou . . . .
d'Arcey . . . . 1954 toises. . . .

Depuis l'Aqueduc du Valon d'Arcey jusqu'à l'ex-
trémité des Rochers qui sont dans le Valon de
l'Ouche, au-dessous de Fleurey . . . 2754 toises. . . .

De la levée près de Fleurey jusqu'au logis de la
Cude . . . 1736 toises. . . une écluse. . . . .

Depuis ce Logis jusqu'à Plombieres . . . 1877 toises . . . six écluses . . . .

Depuis Plombieres jusqu'à Dijon . . . 2104 toises . . . cinq écluses . . . .

Depuis Dijon jusqu'à l'Aqueduc de Brasey . . . .
11738 toises . . . . onze écluses . . . .

Depuis l'Aqueduc de Brasey jusqu'à Saint-Jean-de-
Lône . . . 3715 toises, trois écluses. . . . .

ETAT de dépense du Canal de Bourgogne, concernant les ouvrages de Maçonnerie, Charpente,
Ferrure, Bronze, excavations de Rochers, tran-
chées & levées de terres qui y sont comprises ; ensemble l'indemnité du terrein à acquérir pour toute

D

l'étendue dudit Canal , & des Maisons à supprimer qui se trouvent dans sa route. . . . .

Dépense totale. . . . . .8165417 liv. 16 s. 8 d.

EXTRAIT du Procès-verbal & reconnoissance, de la possibilité du Canal proposé par Mr. ABEILLE , Ingénieur du Roi, pour la communication des deux Mers par la Bourgogne.

PAR M. GABRIEL , Contrôleur Général des Bâtimens du Roi, premier Ingénieur des Ponts & Chaussées de France.

PRÉSENTÉ à M. l'Abbé DE PERIGNY , M. le Marquis DE SAULX , & M. BAUDESSON , Maire d'Auxerre , Élûs des Etats Généraux de ladite Province.

A Dijon , chez Antoine de Fay , Imprimeur-Libraire des États & de la Ville , rue Portelle , 1727 , in-folio , 42 pages.

Lig. 19. & suiv. NOus Chevalier de Saint Michel. . . . . Contrôleur Général des Bâtimens de Sa Majesté . . . . . en conséquence des Ordres à Nous adressés par S A S. Monseigneur le Duc , Prince du Sang , Grand Maître de la Maison du Roi , Gouverneur de la Province de Bourgogne , par sa Lettre missive en date du huitiéme Mai de ladite année , Nous sommes transportés en la Ville de Dijon , le sixiéme du mois de Juin dernier , pour examiner sur les lieux les Cartes , Devis & estimations dressées par M. Abeille , Ingénieur , *Page 4 Lig. 1 & suiv.* pour un Canal de navigation en Bourgogne , qui doit communiquer les deux Mers par les Rivieres de la Saône & de la Seine . . . . prendre connoissance de quatre grandes Cartes levées & dressées par M. Abeille , de tout le cours dudit Canal, depuis son embouchure dans la Saône à Saint Jean de Losne , jusqu'à celle dans l'Yonne à Brinon l'Archevêque , qui

(51)

tombe dans la Seine à Montereau ; enfemble , d'un grand profil de cette longueur , cotté par mefures pour les pentes & diftances des deux côtés fur lequel les emplacemens des Eclufes , Ponts , Ponteaux , Aqueducs , & autres travaux feroient marqués , ainfi que des Plans & Profils particuliers de la conftruction defdites Eclufes , Ponts , Ponteaux & Acqueducs , & des Mémoires & Devis eftimatifs, dreffés en con-féquences. . . . .

Et le dix-huit des préfens mois & an, Nous nous Page 9
Ligne 17. fommes tranfportés . . . . . à Pouilly en Auxois . . . . . avec M. Lebelin , Maître des Comptes , que Mrs. les Elûs des Etats Généraux ont commis, à notre requifition , pour être préfent de leur part à toutes les opérations que nous ferions , & à la reconnoiffance de tout ce qui a été propofé pour la réuffite de ce projet , accompagné de M. Abeille , qui a dreffé tout ce qui concerne fon exécution. En cet endroit étoit le po nt Page 10
ligne 13. de partage que s'étoit propofé M· Abeille. . . .

. . . .

La traverfe du bois ayant été mefurée , & la dif- Ligne 15.
lig. 17 &
fuiv. tance depuis ledit bois jufqu'à un piquet que M. Abeille avoit planté , pour marquer le terme du point de partage . . . .

En cet endroit M. Abeille fe propofoit de circuler le Valon de Souffey.

On ne met pas en doute que le Ruiffeau de Baume , de Belnot , de Martoi & de Souffey , ne puiffent entrer dans le point de partage : il traverfe les trois premiers , & celui de Souffey a affez de fupériorité pour y être conduit par une rigole. M. Thomaffin n'en difconvient point. Il a paffé cet article à M. Abeille dans fon premier Mémoire. . . . .

M. Thomaffin a eu la preuve du contraire , par les Cartes que M. Abeille à expofé en Public dans le Logis du Roi , & par les démonftrations qu'il en a fait publiquement , auxquelles il étoit préfent. . .

M. Millain nous remit dès la fin de l'année 1725 , trois Cartes qu'il (M. Abeille) avoit fait concernant l'établiffement de fon point de partage ; la route qu'il propofoit de faire tenir aux rigoles qui doivent amener les eaux de la Braine, du Serein & de l'Armançon, la defcente du Canal dans le Vallon de la Braine par Maligny & fon cours du côté de l'Ouche, jufqu'au Pont de Pagny. Nous rendîmes compte de ces Cartes, M. Millain & Nous, à Son A. S. qui nous chargea de lui en faire faire une qui les comprît toutes trois, & de tout le Pays depuis Dijon jufqu'à Semur : il y a plus d'un an que S. A. S. a cette Carte. . . . . . .

Il (M. Thomaffin) ajoute dans l'article fuivant, que pour derniere reffource M. Abeille propofera, afin d'augmenter les eaux au point de partage, de l'enfoncer plus bas qu'il ne l'a d'abord projetté. M. Millain, à qui nous avons fait voir toutes les Lettres, peut fe fouvenir que dès la même année 1725, il nous a fait part de cette propofition, d'abaiffer le feuil de Pouilly, pour donner une fupériorité aux eaux qu'il avoit deffein de conduire au point de partage. M. Millain peut avoir auffi une femblable Lettre, & M. Abeille peut faire voir notre réponfe, par laquelle nous le félicitons d'une femblable idée, qui eft le fondement de la réuffite du projet. . . . . .

Fait & arrêté à Dijon, en préfence de M. le Maître des Comptes, Lebelin, Commiffaire de cette part nommé, & de M. Abeille, qui a dreffé le projet dud. Canal, lefquels fe font fouffignés avec Nous, vingt-quatriéme Juillet mil fept cens vingt-fept. *Signé*, Lebelin, Gabriel, & Abeille.

Etat eftimatif de la dépenfe du Canal de Bourgogne. . . . , ... - . . . .

Total général de la dépenfe du Canal de Bourgogne. . . . . - . . . . . . 10,808,376 liv.

EXTRAIT des Regiftres des Délibérations de Meffieurs les Elûs Généraux des Etats de Bourgogne , 18 Novembre 1727.

SUR la Requête du fieur JOSEPH ABEILLE , contenant qu'au mois de Mai 1724 , ayant été chargé de faire le projet du Canal de Bourgogne, pour lequel il lui a été enfuite accordé le prix de 24000 liv. dont il a reçu à compte en divers payemens la fomme de 22000 livres ; il a mis àujourd'hui ledit ouvrage en fa perfection , lequel eft compris en quatre grandes Cartes où eft tracé le cours dudit Canal & de fes Rigoles , avec tous les ouvrages qui entrent dans fa conftruction , deffinés en grand par des plans , profils & élévations ; auxquelles Cartes il y a joint un Mémoire inftruétif , & un état des dépenfes à faire tant pour les ouvrages , les acquifitions & indemnités à faire pour leur établiffement ; toutes lefquelles chofes compofent l'entier projet dudit Canal : Il les a mifes au Greffe cejourd hui. C'eft pourquoi il recourt à ce qu'il vous plaife , Meffieurs , ordonner que les 2000 liv. reftantes, pour parfaire la fufdite fomme de 24000 liv. lui feront payées. . . . .

Vu ladite Requête , la délibération du 13 Juin 1725 , qui accorde au Suppliant la fomme de 24000 livres , pour les ouvrages & dépenfes néceffaires pour lever le plan , le nivellement & le projet du Canal propofé en Bourgogne pour la jonétion des deux Mers , depuis le point de partage de Pouilly jufques à l'Yonne , & de Pouilly à la Saône. . . . .

Les Elûs Généraux des Etats du Duché de Bourgogne , Comtés & Pays adjacens , ont délibéré & ordonné à François Chartraire de Bierres , Tréforier Général defdits Etats , de payer au Suppliant , des deniers de fa recette du fonds fait pour les affaires du Pays , avec les Garnifons de la préfente année 1727 , la fomme de 2000 liv. pour le reftant & parfait payement..... Fait à la Chambre defdits Elûs

Généraux. A Dijon, ce 18 Novembre 1727. *Signé*, Bernard de Blancey.

EXTRAIT du Procès-verbal & Reconnoissance de la possibilité du Canal, proposé par M. ABEILLE, Ingénieur du Roi, pour la communication, &c. Par M. GABRIEL, (A) ET du Mémoire concernant le Canal. Par M. ABEILLE, (B)	*EXTRAIT du Projet présenté par le Sr D'ESPINASSY après la vérification du Projet de M. ABEILLE, par M.GABRIEL.*

Page -, ligne 9 & suiv.

A. NOus avons trouvé au sommet une petite hauteur, qui s'éleve de 10 pieds allant à rien des deux côtés, en vingt toises de longueur vers Vandenesse, & soixante-trois toises du côté de Pouilly, laquelle tronquée met les extrémités de ces quatre-vingt-trois toises de niveau.

IL a une petite élévation sur cette hauteur, qui s'éléve de dix pieds, allant a rien des deux côtés, en 20 toises de longueur vers Vandenesse, & 63 toises du côté de Pouilly, laquelle tronquée met les deux extrémités de ces 83 toises de niveau.

Pag. 8, ligne 2, & suiv

B. Le seuil de Pouilly ainsi disposé, doit être coupé sur son milieu par une tranchée assez profonde pour rencontrer le niveau des deux plaines.

Il convient absolument de couper ce seuil dans le milieu par une tranchée assezprofonde pour rencontrer le niveau des deux plaines.

Pag. 11 ligne 12, & suiv.

A. Et commençant par le Ruisseau de Baulme, nous en avons estimé les eaux à trois cens dix pouces; il passe près du point de pas-

Ces eaux consistent au Ruisseau de Baulme lez Pouilly, qui ayant été jaugé dans le mois de Juin de la même an-

Procès-verbal A. & Projet B.

fage & s'y peut conduire aifément.

Celui de Belnot a été eftimé à cent quatre-vingt pouces ; il peut fe retenir dans le Vallon à une médiocre diftance du point de partage, & s'y conduire par une Rigole qui foutiendra fon niveau de pente.

gne 43. Le Ruiffeau de Martroy a cent quarante-cinq pouces ; il peut fe retenir auffi pareillement dans la gorge, à la hauteur qu'il conviendra pour la pente de la Rigole, qui ne fera pas longue par fa proximité du point de partage.

Le Ruiffeau de Souffey a à deux cent vingt pouces ... On ne peut profiter de ces eaux qu'en les retenant au-deffus du Vilage & du premier Moulin ; la Rigole qui amenera les eaux de la Braine, les prendra en paffant à la hauteur du niveau de fa pente.

Dans le Valon de Comarin... les premieres (eaux) que nous avons trouvées, font celles de Pantier, dont

Projet du Sieur d'Efpinaffy.

née 1721 , tems d'une médiocrité approchante de la féchereffe, a été eftimé 310 pouces : ce ruiffeau paffe près du point de partage , & y peut être conduit aifément.

Le ruiffeau de Belnot eftimé 180 pouces , qu'on tiendra dans le Vallon à une médiocre diftance du point de partage , & qu'on y conduira par une rigole

Le Ruiffeau de Martroy 145 pouces ; il fera pareillement retenu dans la gorge à la hauteur néceffaire pour la pente de la rigole , qui ne fera pas longue à caufe de fa proximité du point de partage.

Le Ruiffeau de Souffey 220 pouces : pour profiter de ces eaux , il faut les retenir au-deffus du village & du premier Moulin ; la rigole des eaux du Vallon de la Braine les prendra en paffant à la hauteur du niveau de fa pente.

Les eaux du Vallon de Comarin , favoir celles de Pantier, fupérieures de beaucoup au point

B iv

Procès - verbal A. & Projet B.

le ruiſſeau a été eſtimé à trente pouces... les ſecondes, celles deSemarey.; nous les avons jaugées à ſoixante-cinq pouces : on les peut prendre au-deſſus du Moulin, y ayant aſſez de pente ſuivant nos nivellemens. Au - deſſous, ſont celles de la Palou, dont le ruiſſeau ne tarit jamais & diminue peu. ,...; nous les avons eſtimées à quarante-huit pouces... ... Toutes celles que l'on peut prendre de ce Vallon de Comarin, montent enſemble à cent quarante-trois pouces ; & la rigole qui les conduit prendra ſa naiſſance à la retenue du Vallon de la Palou, & circulera les valons & les bas des côteaux, ſoutenant ſon niveau de pente en quatre mille toiſes de longueur ou environ, juſqu'au point de partage.

Pour avoir une parfaite connoiſſance des eaux de la Braine, nous ſommes remontés juſqu'à Sombernon. En chemin faiſant on trouve dans le Vallon d'autres petites ſources qui s'y joignent, & à demi-lieue de diſtance les eaux de Viremoulin qui ſont très-abondantes : nous avons remonté dans le Valon juſqu'à leur ſource, où

Projet du Sieur d'Eſpinaſſy.

de partage, eſtimées & jaugées 30 pouces : celles de Sémarey, 65 pouces. Par le nivellement il y a aſſez de pente pour les prendre au-deſſous du Moulin. Celles de la Palou, dont le ruiſſeau, qui ne tarit jamais, a été 48 pouces, leſquelles eaux du Vallon de Comarin montent à 143 pouces. La rigole qui les conduira, prendra ſa naiſſance à la retenue du Vallon de la Palou, & circulera le Vallon & le bas des côteaux, en ſoutenant ſon niveau de pente en quatre mille toiſes de longueur, juſques au point de partage.

Les eaux du Vallon de la Braine, 670 pouces. Pour connoître exactement ſes eaux, il faut remonter juſqu'à Sombernon ; chemin faiſant on trouve pluſieurs petites ſources qu'on a négligé de jauger ; & en remontant dans le Valon juſques à la ſource des eaux de

Procès - verbal A. & Projet B.

nous les avons vû fortir des rochers, très-claires & en quantité ; elles font tourner deux Moulins, l'un au def-fous du Village, l'autre plus bas, tirant du côté d'Aubigny : au-deffous de ce Moulin coulent deux autres ruif-feaux, l'un de la droite, qu'on nomme Rouffot, l'autre de la gauche, appellé Comme : nous avons jaugé toutes ces eaux jointes au-deffus du Village d'Aubigny, que nous avons eftimé à trois cens foixante pouces. Pour profiter de ces eaux, il faut les raffembler dans une rete-nue au-deffus du Village d'Aubigny, où les rigoles prendront leur naiffance...

Pag. 13, ligne 7 & fuiv.
* Le ruiffeau du Moulin de la Comme... jaugé & eftimé à cinquante pouces ;... le ruiffeau de S. Antot... efti-mé à trente pouces. Ces deux derniers ruiffeaux mé-ritent bien qu'on faffe une rigole particuliere, qui par la hauteur d'où ils viennent, que nous avons nivelé, pourront entrer en fuperfi-cie dans la retenue d'Aubi-gny, où la rigolé des eaux de la Braine prend fa naif-fance.

Cette rigole des eaux de la Braine, en circulant par

Projet du Sieur d'Efpi-naffy.

Viremoulin, on les voit fortir des rochers, très-claires & en abon-dance ; elles font tour-ner deux Moulins, l'un au-deffous du Village, l'autre plus bas, tirant du côté d'Aubigny. Deux autres ruiffeaux coulent au-deffous ; l'un de la droite appellé Rouffot ; l'autre de la gauche, appellé Com-me : toutes ces eaux jointes au - deffus du Village d'Aubigny ont été jaugées & eftimées 360 pouces. La retenue étant faite au-deffus du Village d'Aubigny, où les rigoles prendront leur naiffance, il faut prendre.... celles du Moulin de la Comme... jaugées & eftimées 50 pouces... le ruiffeau de S. Antot, eftimé 30 pouces. Ces deux ruif-feaux par leur fupério-rité, doivent être me-nés par une rigole par-ticuliere, pour entrer en fuperficie dans la re-tenue d'Aubigny.

Cette même rigole prendra, en circulant

Procès verbal A. & Projet B.

fa pente, prendra les eaux de Civry-la Montagne, dans lequel Vallon il y a deux fort ruiffeaux, au plus gros defquels fe joignent deux autres fources... Ces eaux peuvent fe prendre au deffous du Moulin, en les arrêtant par une petite reten e, où la rigole entrera & fortira en fuperficie. Nous avons jaugé toutes ce eaux du Vallon de Civry féparément, & trouvé monter à cent foixante pouces.

Cette même rigole peut prendre encore en paffant les eaux du Vallon d'Eté, qui eft fur le même côté de la droite, entre Grosbois & Viteaux, que nous avons jaugé à quarante pouces; & en continuant fa route vers Souffey, celles du Vallon d'Efpinoy que nous avons jaugé pareillement & eftimé à trente pouces.. ..

Pag. 13, lig. 46 & fuiv, La hauteur de la montagne de Grosbois, étant depuis le niveau amené à la retenue d'Aubigny, où la rigole des eaux de la Braine prend fa naiffance, jufqu'à fon fommet, de trois cens quatre pieds fept pouces quatre lignes, il réfulte que ces eaux auront quatre-vingt-fept

Projet du Sieur d'Efpinaffy.

par fa pente, les eaux de Civry la-Montagne, où il y a deux forts ruiffeaux, au plus gros defquels fe joignent deux autres fources. Ces eaux feront jointes au deffous du Moulin, & arrêtées par une petite retenue, où la rigole entrera & fortira en fuperficie. Ces eaux ont été jaugées & eftimées 160 pouces.

Cette même rigole prendra encore en paffant les eaux du Vallon d'Eté, fur le même côté de la droite, entre Grosbois & Viteaux, jaugé 40 pouces; & en continuant fa route vers Souffey, celles du Vallon d'Efpinoy, jaugé 30 pouces....

Ces eaux auront fuivant les nivellemens qui en ont été faits, depuis la naiffance de la rigole à la retenue d'Aubigny, quatre-vingt-fept pieds une ligne de pente, pour les conduire au niveau des eaux du point

Procès - verbal A. & Projet B.

pieds une ligne de pente pour être conduites au niveau des eaux du point de partage.

Et comme la rigole par sa circulation au bas des côteaux, & en contournant les Vallons, soutenant son niveau de pente, à 16000 toises ou environ de pourtour, il est certain que cette rigole aura par cent toises de longueur, six pouces six lignes un quart de pente, ce qui est plus que suffisant pour en conduire les eaux au point de partage.

Note marginale. La riviere de Seine, au-dessus & au-dessous de Paris, n'a que deux pieds & une quart de pente par lieue commune, qui ne font qu'un pied par mille toises, suivant le nivellement pris par l'Académie.

Pag. 14, à la marge — A. Eaux des Moulins Fleuret, 580 pouces.

Pag. 15, à la marge — Eaux du Vallon du Mont S. Jean, 160 pouces. Eaux de Millery, 70 pouces.

Pag. 16, à la marge — Eaux de Torcy & de Blancey, 290 pouces. Eaux de Chailly, 255 pouces.

pag. 18 lig. 32 & 33, lig. 39 & suiv. — A. Nous avons compté qu'elles (*toutes ces eaux*)

Projet du Sieur d'Espinassy.

de partage.

La rigole, par sa circulation au bas des côteaux, & contournant le Vallon pour soutenir son niveau de pente, ayant 16000 toises de pourtour, elle aura par cent toises de longueur six pouces six lignes un quart de pente, ce qui est d'autant plus suffisant que la Seine, au-dessus & au-dessous de Paris, n'a que deux pieds un quart de pente par lieue commune, qui font un pied par mille toises, suivant les nivellemens pris par l'Académie.

Eaux du Vallon des Moulins Fleuret, 580 pouces.

Les eaux du Vallon de Mont S. Jean, 160 pouc.

Les eaux du Vallon de Millery, 70 pouces.

Les eaux des Vallons de Torcy & de Blancey, 290 pouces.

Les eaux du Vallon de Chailly, 255 pouces.

Toutes ces eaux varient beaucoup... c'est

peuvent subsister environ six mois dans cet état médiocre. Aussi doit-on faire cette observation, que dans ces tems (*de séchcresse* toutes les grandes rivieres comme les petits ruisseaux s'affoiblissent également, qu'on n'y entretient aucun commerce de navigation; qu'il doit même y avoir de ces tems pour travailler aux réparations & aux nettoyemens d'un Canal ; ainsi que cette disette ne peut pas nuire à sa navigation.

pag. 21, ligne ... & u v.

A. Au-dessus du Village d'Aubigny dans le meme Vallon, où les eaux de la Braine, de Viremoulin, de Comme, de Roussot, du Moulin de la Comme & de Saint Antôt, seront rassemblées, nous y avons encore marqué une troisiéme retenue, dont la chauffée appuyée sur deux hauteurs, aura 150 toises de longueur, & 36 pieds d'elévation au-dessus de son fonds au milieu.

Etang de Baulme, 344300 toises.

Etang du Vallon de la Palou, 38400 toises cubes.

Etang du Vallon de Torcy, 29700 toises.

Pour le passage de deux

ce qui arrive dans les saisons pluvieuses. Elles seroient pour lors en état de fournir à la navigation de plusieurs canaux. Il y a des tems qu'elles sont médiocres ; c'est l'état sur lequel on peut compter au moins pendant six mois... Il arrive que pendant ce tems d'une extrême sécheresse, les rivieres ne sont pas navigables : on l'emploie à nettoyer, entretenir, & réparer le Canal.

On en peut faire un (*Etang* au-dessus du village d'Aubigny dans le même Vallon, où les eaux de la Braine, de Viremoulin, de Comme, de Roussot, du Moulin de la Comme & de S. Antot, sont rassemblées.

Etang de Baulme, 344300 toises.

Etang de la Palou, 36400 toises cubes.

Retenue de Torcy, 29700 toises cubes.

Or les écluses étant

Procès - verbal A. & Pro-
jet B.

Projet du Sieur d'Espi-
naffy.

bateaux au point de partage, trois cens foixante toifes cubes.... Il faudra donc cent quarante - quatre pouces d'eau.

conftruites à un fac pour deux bateaux... il faut à chaque éclufe 360 toifes cubes d'eau, qui font 144 pouces.

pag. 19,
ligne 23 &
fuiv.
A. Si la navigation eft grande & étendue, comme il y a lieu de l'efpérer, il fera rare qu'il ne fe préfente qu'un Bateau à la fois : elle eft vive ordinairement après les gelées, les inondations, & les féchereffes; ceux qui ont des marchandifes à tranfporter s'empreffent d'arriver à l'embouchu-

ligne 28.
re du Canal;... il faut, autant qu'on peut, accélerer le paffage ; il y a plus de tems à ouvrir & fermer les portes deux fois qu'une... Nous ferions d'avis que les facs des éclufes fuffent de vingt-cinq toifes de longueur entre les deux éperons, fur cinq toifes de largeur, au pied de leurs murs de revêtement, pour faire paffer 2 bateaux à la fois ; qu'on ne donnât à chaque éclufe que huit pieds de chute au plus.

Les raifons qui m'ont engagé à prendre le parti de vouloir indiquer la conftruction de mes éclufes à un fac pour deux bateaux, à leur donner que 8 ou 10 pieds de chute... & 100 toifes de longueur entre lesdeux éperons, fur 5 toifes delargeur entre les murs de revêtement confiftent en ce que la navigation étant grande & étendue, comme il y a lieu de l'efpérer, il fera rare qu'il ne paffe qu'un feul bateau à la fois... Lorfqu'après les gêlées, les inondations ou les grandes féchereffes ... . chacun s'empreffant d'arriver à l'embouchure du Canal...C'eft une néceffité d'accélerer la navigation...On emploie toujours plus de tems à ouvrir & fermer les portes deux fois qu'une.

pag. 11.
lig. 15 &
fuiv.
B. La defcente du Canal à l'Yonne, fuit au Nord dans la même plaine ; & depuis le point de partage jufqu'à

La defcente du Canal à Brinon fuit au Nord dans la plaine d'Arman-çon, & l'on compte de-

*Procès - verbal A. & Pro-
jet B.*

Brinon, parcourt l'efpace
de foixante & quinze mille
neuf cens quatre - vingt-
quatorze toifes, fur huit
cent quatre - vingt - dix
pieds de pente, diftribuées
en foixante-quatorze éclufes
de douze pieds de chute
chacune. Au fortir de l'éclufe qui termine le point de
partage au Nord, commen-
ce cette defcente ; & de ce
pas jufqu'au ruiffeau de Souffey.

Depuis le pas du ruiffeau
de Souffey jufqu'à S. Thibaut,
le Canal parcourt l'efpace de
quatre mille fix cens foixante & quatorze toifes, dans
lequel il defcend deux éclufes, il paffe d'abord par
Grandchamp; il franchit enfuite le petit ruiffeau du vallon de l'Epinois, par un
aqueduc à œil de bœuf,
franchit de même celui de
Burilot, & de-là arrive à S.
Thibaut.

De S. Thibault à Marigny,
le Canal parcourt l'efpace de
fept mille quatre cent trente-
deux toifes, dans lequel il
defcend neuf éclufes ; entre
S. Thibaut & Bro, il rencon-

*Projet du Sieur d'Efpi-
naffy.*

puis le point de partage
jufqu'à cet endroit,
75994 toifes, en 888
pieds de pente. Au for-
tir de l'éclufe qui termine le point de partage
au nord, commence
cette defcente ; & de
ce pas jufques vis-à-
vis la pointe du bois de
Grandchamp. La levée
du deffous de la 8e éclu-
fe n'aura que 23 pieds
d'élévation à prendre
du fonds de la prairie.

De cet endroit qui eft
vis-à-vis la pointe du
bois de Grandchamp juf-
qu'à S. Thibaut, le Ca-
nal, parcourt l'efpace
de 4674 toifes, où il y
a fe ze pieds de pente,
dans lefquels il defcend
deux éclufes ; après
avoir paffé par Grand-
champ, il franchit le
petit ruiffeau du Val-
lon de l'Epinoy, & en-
fuite celui de Burifot,
chacun defquels il faut
faire un acqueduc à œil
de bœuf, d'où il arrive
à S. Thibaut.

De S. Thibaut à Ma-
rigny, le Canal par-
court l'efpace de 7470
toifés, où il y a 108
pieds de pente, dans
lefquels il defcend trei-

Procès - verbal A. & Projet B.

Projet du Sieur d'Espinaffy.

tre quatre petits ruiffeaux qu'il franchit par un aqueduc à œil de bœuf chacun ; enfuite arrivant à Bro , il tourne fur la droite, & rencontre le ruiffeau de la Croifée , qu'il paffe de même avec un Aqueuc à œil de bœuf ; puis le ruiffeau de Charigny , qu'il paffe avec un aqueduc à un arche , prenant néanmoins fes eaux en paffant ; & de-là tournant toujours à la droite , le Canal fort de la Plaine de l'Armanfon & arrive à Marigny. Par cette route on laiffe fort au loin fur la gauche les rochers de Semur , fi vainement redoutés pour le paffage du Canal.

ze éclufes. Entre S. Thibaut & Bro, il rencontre quatre ruiffeaux qu'il franchit par un aqueduc à œil de bœuf ; tournant fur la droite , il rencontre le ruiffeau de la croifée qu'il franchit de même ; enfuite il prend les eaux du ruiffeau de Charigny , fur lequel cependant il faut faire un aqueduc à un arche ; & de-là tournant fur la droite , le Canal fort de la Plaine de l'Armançon,& arrive à Marigny. On laiffe de cette maniere Semur à la gauche , à près d'une lieue & demie de la route du Canal.

A. La trop grande chute des éclufes confommera plus d'eau dans le fac , & eft préjudiciable à la bonne conftruction des Canaux ; il ne faut les faire que dans les néceffités indifpenfables , & quand on a des terreins trop rampans.

On pourroit bien en retrancher le tiers [des éclufes,] & n'en conftruire que cent vingt & une , en leur donnant douze pieds de chute ; mais ce n'eft que dans des néceffités indifpenfables qu'il faut s'en fervir , & quand on a des terreins trop rampans , parce que ces éclufes font préjudiciables à la bonne conftruction des Canaux. *pag. 19, lig. 31 & fuiv.*

pag. 7, lig. 34 & fuiv.

A. L'abaiffement de la

Le plus grand travail

Procès - verbal A. & Pro-
jet B.

tranchée à sa plus grande élévation, la petite hauteur du sommet tronqué, est de soixante-quatre pieds jus-qu'à la superficie des eaux.... La fouille des terres de cette tranchée, quelque consid rable qu'elle soit, n'est pas ce qui auroit pû causer le plus d'embarras; c'étoit de les remblayer : nous avons eu soin de l'examiner, & nous avons reconnu qu'il y a des fonds de communes & au-tres terres à droite & à gau-che sur sa route vers Vandeneffe, où ces terres peuvent se remblayer, à des distances, non trop considérables pour le transport, comme d'autres fonds de prés, terres & vergers à droite & à gauche de la pente vers Pouilly, pro-pres à déposer ces terres. Il n'y aura seulement que quel-ques parties dans le bas de cette pente qu'on fera obligé de transporter au-delà du Village.

Projet du Sieur d'Espi-
naffy.

& le plus difficile qu'il y a à faire dans tout le cours de l'ouvrage, consiste au point de partage, au seuil de Pouilly, qu'il faut cou-per par une tranchée de 64 pieds de profondeur pour se mettre au ni-veau des Plaines; & il faut ensuite pourvoir au remblai des terres qui auroient causé un embarras considérable si on n'avoit pú y re-medier : mais heureu-sement il y a des fonds de communes à droite & à gauche sur la route de cette tranchée vers Vandeneffe, où ces ter-res peuvent se rem-blayer, à des distances non trop considérables pour le transport, com-me d'autres fonds de terres prés & vergers à droite & à gauche de la pente vers Pouilly, propres à déposer ces terres. Il n'y aura que quelques parties vers le bas de cette pente qu'on fera obligé de transporter au-delà du Village.

Nota. Tout ce qui est essen-tiel dans le Projet dudit Sieur, est copié avec la mê-me fidélité.

LETTRE

LETTRE de M. l'Abbé de Perigny, Elu des Etats, à M. Abeille.

31 Mai 1729.

J'Ai reçû, Monsieur, la Lettre que vous m'avez fait l'honneur de m'écrire au sujet des mouvemens que le sieur d'Epinaſſy se donne pour obtenir des Lettres Patentes pour l'exécution du Canal de Bourgogne. J'ai remis à ce sujet à M. l'Intendant, un Mémoire succinct de ce qu'il a fait, & de vos ouvrages : il contient vérité, & dès que la Cour en sera informée, je suis persuadé que l'on n'écoutera point un homme qui a toujours été jugé incapable de cette exécution. Vous devez prendre conseil de M. Girard * sur toutes vos démarches ; il sçait les intentions de S. A. S. Celles de Messieurs les Élus y seront toujours conformes. Il me seroit difficile de vous guider dans cette occasion, tant qu'on ne s'adreſſera pas directement à Messieurs les Elus qui seuls sont en état de rendre compte de tout ce qui s'est paſſé. Cependant M. vous me ferez plaisir de m'informer de ce que vous pourrez apprendre à ce sujet. Il n'y a rien encore de décidé, & je ne crois pas que sans examen & sans connoiſſance de cause on décide en faveur du sieur d'Eſpinaſſy qui n'est pour rien dans tout le Projet du Canal, & qui a été éconduit comme un homme sans expérience avec une gratification de 1000 livres qui lui a été donnée pour qu'il ne fit pas des Plans inutiles, & des Projets impoſſibles dans leur exécution. Je suis parfaitement, Monsieur, votre très-humble & très-obéiſſant serviteur. Signé, L'Abbe' de Perigny.

De Dijon le 31 Mai 1729.

---

* Secretaire des commandemens de S. A. S. Monseigneur le Prince de Condé.

EXTRAIT d'une Lettre de M. L'Abbé de Perigny, Elu des Etats de Bourgogne, à M. Abeille.

De Dijon le 28 Juin 1729.

J'Envoie aujourd'hui, Monsieur, à M. Girard, les observations sur les Lettres Patentes, observations où il est parlé de vous très-avantageusement. Je lui adresse un paquet pour vous, où vous trouverez le certificat que vous avez demandé, qu'il faut faire signer à M. le Marquis de Saulx, il seroit inutile sans cette formalité. .... Signé, L'Abbé de Perigny.

Ce Mémoire fut envoyé à S. A. S. M. le Duc de Bourbon, & à M. le Comte de S. Florentin le 28 Juin 1729

MÉMOIRE concernant les observations & demandes des Élus Généraux des États de Bourgogne, au sujet du Projet de Lettres Patentes que le Roi est dans la disposition d'accorder pour l'exécution du Canal.

Le sieur Abeille est le seul Ingénieur qui ait travaillé avec soin pendant un tems considérable aux moyens d'unir au point de partage à Pouilly en Auxois les principales sources du Serein, de l'Armançon, de la Brenne & de l'Ouche; qui ait imaginé les expédiens pour passer les mauvais pas de Semur & de Crugey, (difficultés auxquelles jusqu'à présent personne n'avoit trouvé de remede.) Il a fait les Cartes & desseins de tout le Canal, le Devis estimatif & tout ce qui peut avoir rapport à cette entreprise.

Les opérations ont commencé en l'année 1724 par les ordres de S. A. S. Monseigneur le Duc, Gouverneur de cette Province, elles ont duré trois ans, & ont été vérifiées par le sieur Gabriel, Ingénieur du Roi en l'année 1727, qui en a dressé Procès-verbal. . . .

CERTIFICAT *de Messieurs les Élûs Généraux des États de la Province de Bourgogne.*

LEs Élûs des États Généraux de Borgogne certifient à tous ceux qu'il appartiendra, que le sieur Abeille, Ingénieur du Roi, a été envoyé en Bourgogne en l'Année 1724, par les ordres de S. A. S. Monseigneur le Duc, Gouverneur de cette Province; qu'il a travaillé pendant trois années, sur les lieux, au projet du Canal dont le point de partage doit être à Pouilly en Auxois, pour trouver les moyens d'unir audit point de partage les principales sources du Serein, de l'Armançon, de la Brenne & de l'Ouche; de passer les mauvais pas de Semur & de Crugey; qu'il a fait les Cartes de tout l'emplacement dudit Canal; qu'il n'y a aucun autre Ingénieur qui lui ait été associé dans ses opérations, qui sont de lui seul, dont la vérification a été faite par le sieur Gabriel, Ingénieur du Roi, & le Procés-verbal & devis estimatif fait en conséquence; & lui a été payé par les Etats la somme de vingt quatre mille livres pour le dédommager de la dépense qu'il a faite en cette occasion: le présent Certificat pour lui valoir & servir ce que de raison, & auquel nous avons fait apposer le Sceau des Armes de la Province. Donné à Dijon le vingt-huit Juin mil sept cent vingt-neuf. *Signé* l'Abbé de PERIGNY & le Marquis de SAULX.

CARTE du projet du Canal de Bourgogne, proposé par le sieur Abeille, Ingénieur du Roi, présentée à S. A. S. Monseigneur le Duc, par le sieur Gabriel, premier Ingénieur des Ponts & Chaussées.

CETTE Carte est entre les mains de M. Gabriel fils, à Versailles.

EXTRAIT d'une copie des Lettres-Patentes en forme d'Edit, pour tirer un Canal de navigation depuis la Saône jufq'uà l'Yonne, en traverfant la Province de Bourgogne.

LOUIS, par la grace de Dieu, Roi de France & de Navarre . . . . . Nous avons reçu avec fatisfaction les propofitions de quelques-uns. . . . Parmi toutes ces propofitions, aucune ne nous a paru mériter fi fingulierement notre attention que celle qui nous a été faite par les fieurs d'Efpinaffy & Compagnie, de tirer un nouveau Canal de navigation depuis Saint Jean de Lône, qui eft fur la Saône, jufqu'à Brinon fur l'Armançon . . . . . *duquel projet ils nous ont fait voir la facilité de l'exécution, ainfi qu'il a été reconnu par le fieur Gabriel, notre Ingénieur, qui s'eft tranfporté fur les lieux par nos ordres, & a tout vû, vérifié, examiné & rectifié avec une grande exactitude, & en a fait fon rapport. . . . .*

Sa Majefté ayant approuvé le projet préfenté par le fieur d'Epinaffy & Compagnie, pour la conftruction d'un Canal en Bourgogne, depuis la Saône jufqu'à l'Yonne. . . . . .

LETTRE du fieur d'Efpinaffy à Jean Trouillot, Porteur d'Inftrumens de M. Abeille.

A Pouilly en Auxois ce 19 Septembre.

J'AI appris, Monfieur, que vous aviez une entiere connoiffance des lieux où le Canal doit paffer, ayant travaillé fous M. Abeille. Comme le Roi m'a fait l'honneur de m'accorder les Lettres-Patentes qui m'en permettent l'exécution, je fuis bien aife d'en faire une nouvelle reconnoiffance, à laquelle je ferai bien aife que vous vous trouviez. C'eft pourquoi, Monfieur, je vous prie, à la réception de ma lettre,

de prendre la peine de vous rendre ici, où vous aurez lieu d'être content, & où j'espere également
l'être de vous. Je fuis, Monfieur, tout entierement
à vous. *Signé*, d'Espinassy.

EXTRAIT du Mémoire contenant ce qui s'eft
paffé en 1751 & 1752, au fujet du projet
du Canal de Bourgogne, pour communiquer
de la Saône à l'Yonne.

*Nª. Ce Mémoire a été remis au Greffe des Etats de
Bourgogne le 18 Novembre 1755.*

M. Joly de Fleury, Intendant de Dijon, ayant
examiné les différens projets qui avoient été formés
pour le Canal de Bourgogne, particulierement le
le Mémoire de M. Abeille, & le Procês-verbal de
M Gabriel, il en rendit compte à M. le Contrôleur-
Général & à M. Trudaine, qui chargerent M. de
Regemorte l'aîné d'aller en Bourgogne pour vérifier
fur les lieux fi ce Canal pouvoit s'exécuter . . . .
Sur fon rapport & fes avis, M. Trudaine a ordonné
au fieur Chezy d'aller en Bourgogne pour y faire ,
fuivant les inftructions de M. de Régemorte, les opérations néceffaires pour conftater la poffibilité ou
impoffibilité du Canal. . . . La fuite de ce Mémoire ex-
pofe les opérations.

Il fe préfente d'abord deux Moyens de fournir au
point de partage l'eau pour la navigation. . . . Ces
deux moyens ont paru plus que fuffifans à Meffieurs
Gabriel & Abeille. En 1751 M. de Regemorte a remarqué que le terrein toujours humide du Pays où
doit être le point de partage, offroit une troifieme
reffource par le volume d'eau que l'on avoit lieu
d'efpérer que les terres fourniroient d'elles-mêmes. . .

On s'eft affuré par des nivellemens faits avec
foin, & vérifiés plufieurs fois, que toutes les eaux
indiquées par Meffieurs Abeille & Gabriel, pour être
conduites au point de partage, peuvent y arriver,

& par les routes qu'ils ont défignées pour les ri-
golles. . . . .

Le terrein toujours humide de Pouilly & des environs, a fait penfer que lorfqu'on auroit ouvert le
feuil de Pouilly pour donner paffage au Canal, cette
tranchée lui fourniroit beaucoup d'eau. Afin de fça-
voir mieux ce qu'on en peut efpérer . . . on a fait
curer & approfondir le puits de la place de Pouilly. . . . .

Le 3 Juillet le Puits ayant 20 pieds de profondeur,
& fon fonds étant encore 12 pieds au-deffus de la
fuperficie de l'eau du point de partage de M. Abeille . . . . il y eft revenu d'abord fix pieds de hauteur
d'eau en vingt-quatre heures. . . . .

Pour defcendre du point de partage du côté de
l'Yonne, on n'a remarqué aucune difficulté confidérable dans la route indiquée par M. Abeille. On a
fait inutilement bien des recherches pour en trouver
une plus avantageufe au Canal. . . .

Il réfulte des opérations dont on vient de rendre
compte, que l'on a plufieurs moyens de fournir au
point de partage beaucoup plus d'eau qu'il n'en faut,
que les feules fources bien ménagées donneront
plus que le triple de l'eau néceffaire à la navigation, & que l'on ne trouvera que des difficultés
communes dans le refte du Canal ; que par confé-
quent on ne doute pas de fa poffibilité.

On n'a rien trouvé de mieux que le projet général de M. Abeille, reconnu & approuvé par M.
Gabriel. . . . .

FAIT à Paris en Décembre l'an 1753. *Signé* CHEZY:
Et plus bas pour copie, JOLI DE FLEURY.

*EXTRAIT du Mémoire fur le Canal de Bour-
gogne, qui a remporté le Prix de l'Académie
de Dijon en 1763, imprimé à Paris, 8°.
1764.*

PAGE 8, le projet préfenté par M. Abeille, pour
la Bourgogne, eft un de ceux qu'on a le plus férieu-

fement examinés : les devis ont été vérifiés par des Commiffaires députés de la Cour : la poffibilité , la facilité même , & la fomme de la dépenfe font affirmées dans leur rapport.

Pag. 39 , Note 3 , M. Abeille a mefuré la hauteur du point de partage au-deffus du niveau de la Saône & de l'Armançon.

Pag. 40 , Note 4 , MM. de la Jonchere & Thomaffin en ont donné différens projets (du Canal de Bourgogne). . . . . .

M. Abeille en publia un troifieme en 1727. Il en préfenta les détails aux Etats de Bourgogne. Il fixa, comme je l'ai déja dit, le point de partage à Pouilly. Ce projet a plufieurs avantages fur les précédens. . . . M. d'Efpinaffy adopta enfuite le projet de M. Abeille.

Ibid. Note 5 , M. Gabriel a fait la vérification du projet de M. Abeille, en préfence de M. Lebelin, Commiffaire député des Etats de Bourgogne. Il eft prouvé par fon Procès-verbal qu'il y aura dans tous les tems une quantité fuffifante d'eau au point de partage , pour entretenir la navigation. M. de Chezy , Ingénieur (du Roi), envoyé de la part de M. de Trudaine, il y a peu d'années (en 1751) attefta le même fait. Il ne peut donc refter aucun doute fur cet objet important.

Pag. 43 , Note 12 , j'ai parlé plus haut de cette poffibilité ; rien ne l'établit mieux que la quantité d'eau que M. Abeille a trouvé le moyen de raffembler au point de partage.

*N*a. Dans cet ouvrage où l'on traite de la poffibilité du Canal de Bourgogne, on parle du feul projet de M. Abeille.

F I N.

De l'Imp. de DHOURY, 1764.